C语言程序设计

主　编　肖　洁
副主编　曹清国　胡　政

中国原子能出版社

图书在版编目（CIP）数据

C 语言程序设计 / 肖洁主编 . -- 北京 : 中国原子能出版社 , 2023.2
ISBN 978-7-5221-1703-4

Ⅰ . ① C… Ⅱ . ①肖… Ⅲ . ① C 语言—程序设计 Ⅳ . ① TP312

中国国家版本馆 CIP 数据核字 (2023) 第 041900 号

内容简介

教材主要内容包括 C 语言的基本概念和基本语法规则，顺序、选择和循环三大结构，以及数组、函数、指针等知识。全书每章内容与实际应用紧密结合，以案例为基础，问题导入，深入浅出讲解 C 语言的结构化、模块化程序设计思想和方法。在理论通俗易懂的前提下，每章都有配套作业，从易到难、循序渐进，让初学者可以在做中学、学中做，有助于学生理解、应用知识，达到学以致用的目的。本书内容全面、衔接有序、通俗易懂、实践性强，既可作为高等院校本、专科相关的教材，也可作为计算机爱好者的自学读物。

C 语言程序设计

出版发行　中国原子能出版社（北京市海淀区阜成路 43 号　100048）
责任编辑　白皎玮
装帧设计　河北优盛文化传播有限公司
责任印制　赵　明
印　　刷　北京天恒嘉业印刷有限公司
开　　本　787 mm×1092 mm　1/16
印　　张　12.5
字　　数　250 千字
版　　次　2023 年 2 月第 1 版　　2023 年 2 月第 1 次印刷
书　　号　ISBN 978-7-5221-1703-4　　定　　价　78.00 元

前言

C 语言是一门面向过程的抽象化通用程序设计语言。它对计算机技术的发展起到了极其重要的促进作用，而且这种促进作用将一直持续下去。它从产生之时就肩负了很多重要使命，如开发操作系统、开发编译器、开发驱动程序……它可深可浅，浅到可以用几周的时间掌握它的基本概念和功能，深到可以解决计算机中的大部分问题。

C 语言几乎是每一个程序设计人员的必学语言。但在学习之初，它往往给人一种神秘而艰难的感觉。但实际上，C 语言并非想象的那么难。它的很多优点让它一直保持着魅力，并且在程序设计语言中“永葆青春”。总的来说，C 语言是基础语言，并且对初学者来说没有太大的限制；其使用方法灵活，一个功能往往可以通过多种方式实现；程序语句看起来更为直观，且执行效率高，更多的执行了计算机底层的程序设计工作。掌握了 C 语言，再学习其他程序设计语言往往比较容易。

本书是面向高等院校 C 语言程序设计课程而编写的教材。全书分为 8 章，主要内容包括 C 语言概述、算法、简单程序设计、选择结构程序设计、循环结构程序设计、数组、函数、指针等。本书以程序设计为中心，精讲多练，组织多种形式练习以强化教学内容；在章节内容设计中有丰富的案例分析，梳理知识之间的相关性，巩固旧知、启发新知，使读者快速获取一定知识储备；本书语法介绍精炼，内容叙述深入浅出、循序渐进，程序示例生动易懂，具有很好的启发性；章节学习完成后，设计有丰富的习题，包括基础概念、能力提高、考级训练、易错辨析等多种类型，对教学具有很好的参考价值。

本书既可以作为高等院校本科及专科学生的计算机语言教材，又可以作为教师、自学者的参考用书。本书由南昌航空大学肖洁主编，由于编者水平有限，书中难免存在一些疏忽之处，敬请同行批评、斧正。

目 录

第 1 章　C 语言概述

本章主要介绍 C 语言的发展历史、基本特点、简单的 C 语言程序结构，其中 C 语言程序结构是重点，是以后各章节学习的基础。学习本章后，你将了解到计算机编程语言 C 语言的发展历程，并且认识一个简单的 C 程序。通过几个简单程序的学习，你将熟悉函数、标识符、变量、语句等概念，并在分析程序的过程中理解 C 语言程序的基本结构，初步学习 C 语言的输出函数 printf() 的使用。通过 VC++ 6.0 的操作演示，掌握程序的调试步骤，对程序开发的概念有初步的认识。

计算机程序是一组计算机能识别和执行的指令序列，运行于电子计算机上，满足人们某种需求的信息化工具。它以某些计算机程序语言编写，计算机执行程序时，将按序“自动地”执行各条指令，有条不紊地进行工作。计算机语言是人与计算机之间通信的语言，主要由一些指令组成，这些指令包括数字、符号和语法等内容，编程人员可以通过这些指令来指挥计算机进行各种工作。

计算机语言有很多种类，根据功能和实现方式的不同大致可分为三大类，即**机器语言**、**汇编语言**和**高级语言**。计算机不需要翻译就能直接识别的语言被称为**机器语言**（又被称为二进制代码语言）。该语言是由二进制数 0 或 1 组成的一串指令，例如，1011011000000000。

尽管机器语言对计算机来说易懂且好用，但是对于编程人员来说，记住由一串 0 和 1 组成的指令简直就是煎熬。为了解决这个问题，汇编语言诞生了。**汇编语言**用英文字母或符号串来替代机器语言，把不易理解和记忆的机器语言按照对应关系转换成汇编指令。这样一来，汇编语言就比机器语言更加便于阅读和理解。例如，ADD A,B（执行 A+B → A，将寄存器 A 中的数与寄存器 B 中的数相加，放到寄存器 A 中）。

汇编语言依赖于硬件，其程序的可移植性极差，而且编程人员在使用新的计算机时还需学习新的汇编指令，大大增加了编程人员的工作量，为此计算机高级语言诞生了。**高级语言不是一门语言，而是一类语言的统称**，它比汇编语言更贴近于人类使用的语言，易于理解、记忆和使用。由于高级语言和计算机的架构、指令集无关，因此它具有良好的可移植性。

高级语言应用非常广泛，世界上绝大多数编程人员都在使用高级语言进行程序开发。

高级语言包括 C、C++、Java、VB、C#、Python、Ruby 等。

1.1　C 语言的历史背景

C 语言是一种具有低级语言特征的高级语言，有时也称为中级语言；适合于作为系统描述语言，既可以用来编写系统软件，也可用来编写应用软件。

C 语言是在 B 语言的基础上发展起来的，它的根源可以追溯到 1960 年出现的高级语言 **ALGOL 60**。ALGOL 60 标志着程序设计语言成为一门独立的科学学科，并为后来软件自动化及软件可靠性的发展奠定了基础。

1963 年，英国剑桥大学改进了 ALGOL 60 的缺点，推出了 **CPL**（Combined Programming Language）语言。CPL 语言在 ALGOL 60 的基础上更接近硬件一些，但规模较大，难以实现。

1967 年，英国剑桥大学的马丁·理查兹（Matin Richards）对 CPL 语言做了简化，推出了 **BCPL**（Basic Combined Programming Language）语言。

1970 年，美国贝尔实验室的肯·汤姆森（Ken Thompson）以 BCPL 为基础，又做了进一步简化，设计出了很简单的而且很接近硬件的 **B 语言**（取 BCPL 的第一个字母），并用 B 语言编写出第一个 UNIX 操作系统。

1972 年至 1973 年，贝尔实验室的丹尼斯·里奇（Dennis Ritchie）在 B 语言的基础上设计出 **C 语言**（取 BCPL 的第二个字母）。C 语言既保持了 BCPL 和 B 语言精练、接近硬件的优点，又克服了过于简单、数据无类型等缺点。最初的 C 语言只是为描述和实现 UNIX 操作系统提供一种工作语言而设计的。

1973 年，肯·汤姆森和丹尼斯·里奇两人合作把 UNIX 的 90% 以上代码用 C 语言改写，即 UNIX 第 5 版（原来的 UNIX 操作系统是 1969 年用汇编语言编写的）。后来，C 语言多次做了改进，但主要还是在贝尔实验室内部使用。直到 1975 年 UNIX 第 6 版公布后，C 语言的突出优点才引起人们的普遍注意。

1978 年，布莱恩·科尔尼干（Brian Kernighan）和丹尼斯·里奇合著了影响深远的名著《C 程序设计语言》（***The C Programming Language***），这本书全面、系统地讲述了 C 语言的各个特性及程序设计的基本方法，包括基本概念、类型和表达式、控制流、函数与程序结构、指针与数组、结构、输入与输出、UNIX 系统接口、标准库等内容，成为后来广泛使用的 C 语言版本的基础，实际上是第一个 C 语言标准。

1983 年，美国国家标准局（American National Standards Institute，ANSI）成立了一个委员会，根据 C 语言问世以来的各种版本，针对 C 语言的发展和扩充，制定了第一个 C 语言标准草案（83 ANSI C），标志着 C 语言正式推广。

1989 年，C 语言标准 ANSI X3.159–1989 "Programming Language C" 被批准。这个

版本的 C 语言标准通常被称为 ANSI C，也称为 C89 标准。

1990 年，国际标准化组织（International Standard Organization,ISO）接受 C89 为 ISO C 的标准（ISO/IEC 9899: 1990），简称为 C90 标准。

在随后的几年里，C 语言的标准化委员会又不断地对 C 语言进行改进，到了 1999 年，正式发布了 ISO/IEC 9899: 1999，简称为 **C99 标准**。

2007 年，C 语言标准委员会又重新开始修订 C 语言，并于 2011 年正式发布了 ISO/IEC 9899: 2011，简称为 **C11 标准**。

1.2 C 语言的特点

（1）C 语言简洁、紧凑，使用方便、灵活。

C 语言（C90）一共有 **32** 个关键词和 **9** 种控制语句（见表 1.1 和表 1.2）。程序书写形式自由，主要用**小写**字母表示，相对于其他高级语言源程序而言，其语言简练、源程序短。

表1.1 C语言的关键字（ANSI C）

C90 标准：数据类型关键字（20 个）							
基本数据类型（5 个）		类型修饰关键字（4 个）		复杂类型关键字（5 个）		存储级别关键字（6 个）	
void	float	short	signed	struct	typedef	auto	extern
char	double	long	unsigned	union	sizeof	static	const
int				enum		register	volatile
C90 标准：流程控制关键字（12 个）							
跳转结构（4 个）		分支结构（5 个）		循环结构（3 个）			
return	break	if	case	for			
continue	goto	else	default	do			
		switch		while			
1999 年 12 月 16 日，ISO 推出了 C99 标准，新增了 5 个 C 语言关键字							
inline	restrict	_Bool	_Complex	_Imaginary			
2011 年 12 月 8 日，ISO 发布 C 语言的新标准 C11，新增了 7 个 C 语言关键字							
_Alignas	_Alignof	_Atomic	_Static_assert	_Noreturn	_Thread_local	_Generic	

表1.2 C语言的控制语句（ANSI C）

C 语言的控制语句	功能
if()~else ~	条件语句
for()~	循环语句
while()~	循环语句
do~while() ;	循环语句
continue	结束本次循环语句
break	中止执行 switch 或循环语句
switch	多分支选择语句
goto	转向语句
return	从函数返回语句

（2）C 语言运算符丰富，表达式能力强。

C 语言共有 34 种运算符，如算术运算符、关系运算符和逻辑运算符等，见表 1.3。除一般高级语言所使用的算术、关系、逻辑运算之外，还包括位运算、复合运算等，范围广泛。

表1.3 C语言的运算符

运算符类型	运算符
算术运算符	+ – * / %
关系运算符	< > == != <= >=
逻辑运算符	! && ||
位运算符	>> << ~ | ^ &
赋值运算符	= += –= *= /= %=
条件运算符	(? :)
逗号运算符	,
指针运算符	* &
分量运算符	. –>
其他运算符	sizeof （数据类型） []

（3）C 语言数据结构丰富，便于数据的描述与存储。

C 语言具有丰富的数据结构，其数据类型包括整型、实型、字符型、数组类型、指针类型、结构体类型、共用体类型等，C99 又扩充了复数浮点型类型、超长整型和布尔类型等，尤其是指针类型数据，使用十分灵活和多样化，因此能实现复杂的数据结构（如链表、树、栈等）的运算。

（4）C 语言是结构化、模块化的编程语言。

C 语言以函数作为模块单位，是典型的结构化程序设计语言。程序的逻辑结构可以分为顺序、分支和循环 3 种基本结构。C 语言具有结构化的控制语句（如 if…else 语句、switch 语句、while 语句、do…while 语句、for 语句），C 程序采用函数结构，十分便于把整体程序分割成若干相对独立的功能模块，并且为程序模块间的相互调用以及数据传递提供了便利。

（5）C 语言程序中，可使用宏定义编译预处理语句、条件编译预处理语句，为编程提供方便。

（6）C 语言程序可移植性好。

与汇编语言相比，C 程序基本上不做修改就可以运行于各种型号的计算机和各种操作系统中。因为标准链接库是用可移植 C 语言编写的，C 编译系统在新的系统上运行时，可以直接编译“标准链接库”中的大部分功能，不需要修改源代码。因此，几乎在所有的计算机系统中都可以使用 C 语言。

（7）C 语言允许直接访问物理地址，能进行位（bit）操作，能实现汇编语言的大部分功能，可以直接对硬件进行操作。

C 语言既具有高级语言的功能，又具有低级语言的许多功能，可以用来编写系统软件，因此，有人把它称为中级语言。

（8）C 语言语法限制不太严格，程序设计自由度大。

例如，对数组下标越界不进行检查，由程序编写者自己保证程序的正确。对变量的类型使用比较灵活，整型变量与字符型变量以及逻辑性变量可以通用。

（9）生成目标代码质量高，程序执行效率高。

由于 C 语言具有上述特点，因此 C 语言得到了迅速推广，成为人们编写大型软件的首选语言之一。许多原来使用汇编语言处理的问题可以使用 C 语言来处理了。但 C 语言也存在一些不足之处，例如，运算符及其优先级过多、语法定义不严格等；对变量的类型约束不严格，影响程序的安全性；对数组下标越界不做检查等。对于初学者来说有一定的困难，在学习的过程中要仔细体会。

1.3　C 语言程序结构

同汉语和英语等自然语言一样，C 语言也具有相应的语法结构和构成规则。具体而言，C 语言具有字符、单词、语句、函数、程序等基本成分和结构，由字符可以构成单词，由单词可以构成语句，由多个语句可以构成函数模块，由一个或者多个函数可以构成程序。

1.3.1　C 语言的字符集

在 C 语言中使用的所有字符（符号）可归结为以下几种类别。

- **大、小写英文字母**（52 个）：A ~ Z，a ~ z，大小写不等效，如 A 和 a 表示不同的字符。
- **十进制数字符号**（10 个）：0 ~ 9。
- **标点符号**：逗号（,）、分号（;）、单引号（'）、双引号（"）、冒号（:）、空格（ ）、左花括号（{）、右花括号（}）、回车（Enter）等，均为半角西文符号，应该在英文输入法状态下输入。
- **单字符运算符号**：左右圆括号（( )）、左右方括号（[ ]）、加（+）、减（-）、乘（*）、除（/）、取余数（%）、小数点（.）、大于（>）、小于（<）、非（!）、按位与（&）、按位异或（^）、按位或（|）。
- **特殊用途的符号**：井字号（#）、反斜线（\）、下画线（_）。

在字符串中可以使用任何字符，包括汉字、图形字符等，不受语法限制。

1.3.2　C 语言单词

有一些 C 语言的单词就是单个字符本身，如大于号（>）、逗号（,）、数字 2、变量标识符 x 等，有些单词由连续若干个字符组合而成。C 语言中的单词可以分为以下几种类别。

- **关键字**（保留字）。如第 1.2 节中列出的所有关键字，它是英文单词或其缩写，被赋予一定的语法含义，表示相应的功能。如 int 是整型变量的说明符，其后出现的标识符为整型变量。
- **标识符**。它是由英文字母开头的字符串，通常在 C 语言程序中用作变量、函数、用户类型、文件等的名字。如可用标识符 length 表示一种物体的长度，用标识符 age 表示一个人的年龄。C 语言规定：标识符只能是字母（A ~ Z，a ~ z）、数字（0 ~ 9）、下画线（_）组成的字符串，并且其第一个字符必须是字母或下画线。要注意的是，在标识符中，大小写是有区别的。例如，BOOK 和 book 是两个不同的标识符。

• **常量**。在运算中不变的量，即不能被重新赋予新值的对象。C 语言中使用的常量可分为数字常量（如 5、23、–256、2.307 等）、字符常量（如 'a'、'D'、'5'、'+'、'%' 等）、字符串常量（如 "5"、"apple"、" 姓名 "、"A+B=" 等）、符号常量、转义字符等多种。

• **运算符**。能够进行算术运算、关系（比较）运算、字符串运算、逻辑运算等的运算符号。运算符与变量一起组成表达式，表示各种运算功能。如 a+b 表示变量 a 加上变量 b。

• **标点符号**。每个标点符号都可以单独作为单词使用，如逗号、空格、分号、冒号等。逗号主要用在类型说明和函数参数表中，分隔各个变量。空格多用于语句各单词之间，用作间隔符。在关键字、标识符之间必须要有一个以上的空格符作为间隔，否则将会出现语法错误，例如，把 int a; 写成 inta; ，C 编译器会把 inta 当成一个标识符处理，其结果必然出错。

• **注释符**。C 语言的注释符是以"/*"开头并以"*/"结尾的串。在"/*"和"*/"之间的即为注释。程序编译时，不对注释做任何处理。注释可出现在程序中的任何位置。注释用来向用户提示或解释程序的意义。在调试程序中对暂不使用的语句也可用注释符括起来，使翻译跳过不做处理，待调试结束后再去掉注释符。

1.3.3　C 语句分类

C 语言中的语句非常丰富，可以分为以下几种类型。

1. 用户类型定义语句

可以把一个标识符定义为一种数据类型，方便以后使用这个类型标识符来定义此种类型的变量。

2. 变量定义语句

可以把标识符定义为变量，如 int x; 就是把 x 定义为整数变量。在变量定义语句中包含有类型标识符和变量标识符两个部分，如 int 就属于类型标识符，x 就属于变量标识符，即变量名。

3. 函数原型语句

函数原型语句又叫作函数声明语句或函数说明语句。在程序中使用的函数分为函数定义、函数声明和函数调用 3 个方面。通常函数声明在程序或文件的开始；函数定义可以在程序中的任何位置，它是一个独立功能的程序模块；函数调用存在于表达式之中，只有其函数被声明后，才能够进行函数调用。

4. 表达式语句

在一个表达式后加上分号则就构成了一个表达式语句。如 x=3*x+5; 就是一个赋值表达式语句，它把 3 乘以 x 后加 5 的值又赋给 x，若执行这条语句前 x 的值为 8，则执行后 x 的值变为 29。

5. 复合语句

复合语句是由一对花括号括起来的一条或若干条语句所组成的。如 { int x; x=10; } 就是一条复合语句，它包含两条语句，一条是定义 x 的变量定义语句，另一条是将 x 赋值为 10 的赋值语句。

6. 选择类语句

选择类语句就是根据已知条件从多个分支语句块中选择一个满足条件的语句块执行，它包括 if 语句和 switch 语句两种。if 语句又叫条件语句，switch 语句又叫开关语句。如 if(x>=60) cn=1;else cn=0; 就是一条条件语句，执行时首先判断 x 是否大于等于 60，若是则把 1 赋给变量 cn，否则把 0 赋给变量 cn。

7. 循环类语句

循环类语句就是根据所设定的循环条件控制一个程序段反复执行。它包括 for 语句、while 语句和 do 语句 3 种，分别称它们为 for 循环、while 循环和 do 循环。如 for(i=1; i<=10; i++) s=s+i; 就是一条简单的 for 循环语句，它使得循环体语句 s=s+i; 反复执行 10 次，每次把 i 的值都加到 s 变量上，因为 i 的值从 1 变化到 10，所以就把 1 到 10 的值，即 55，都加到了 s 变量上，也就是说，通过执行这条 for 语句，使 s 的值比原来增加了 55。

8. 跳转类语句

跳转类语句就是改变程序从上到下顺序执行语句的次序，转移到其他指定的位置执行，而不是接着执行它的下一条语句。goto、return、break、continue 语句等都是跳转类语句。如在程序中执行到 goto L1; 语句时，其紧接着要执行的语句是标记有 L1 位置的语句，而不是它下面位置上的一条语句。若在程序中执行一条非跳转类语句后，则紧接着要执行的是它后面相邻的一条语句。

1.3.4 C 函数的概念

1. 函数分类

C 函数可以分为系统函数和用户函数两大类。

系统函数由 C 语言系统内部的函数库提供，用户可以直接调用系统函数的所有函数原型，而这些函数原型都被组织到相应的系统头文件当中，如 math.h 就是一个系统头文件，它包含系统函数中的所有数学函数的原型，如求绝对值函数、求平方根函数的原型等。

用户函数是指由用户自己编写代码而定义的函数，如用户可以编写和定义一个求三个数中最大值的函数，当调用该函数时，就能从用户给出的三个数中挑选出最大者并返回。

从函数处理数据的类型分类，可以把函数分为数值函数、日期与时间函数、逻辑函数、字符串函数、存储空间分配函数、文件函数、输入与输出函数等多种。

2.C 程序的头文件

C 语言头文件有系统头文件和用户头文件之分。系统头文件是在 C 语言系统内已经存在的头文件，用户可以通过 #include 命令包含它而直接使用，用户头文件由用户根据编程需要而建立，也通过 #include 命令包含它而直接使用。带井字符“#”开头的命令称作编译预处理命令。

无论是系统头文件还是用户头文件，其文件的扩展名都为 .h。头文件作为一种包含功能函数、数据接口声明的载体文件，主要用于保存程序的声明，而定义文件用于保存程序的实现。如 stdio.h 就是一个系统头文件，其中包含数据从键盘输入和向显示器屏幕输出的系统函数的原型，当在一个程序中需要从键盘输入数据或向屏幕输出数据时，必须通过 #include 命令包含这个头文件。

C 头文件中包含的内容一般为在程序中需要使用的数据类型的定义、常量的定义、函数原型（函数声明）语句等。

在一个程序文件中使用一个头文件时，需要使用 #include 包含命令。

命令格式：

#include <头文件名> // 用尖括号把头文件名括起来时，表示为系统头文件

#include “头文件名” // 用双引号把头文件名括起来时，表示为用户自己建立的头文件

在 #include 命令的后面不仅可以包含头文件，也可以包含一般的程序文件，即扩展名为 .c 的程序文件。当编译一个程序文件时，若遇到的是 #include 包含命令，则就把该命令替换为所包含文件的全部内容。因此可以使用 #include 命令在一个文件中包含另外的文件。一个 #include 命令只包含一个文件，要使用多个文件时必须同时使用多个 #include 命令。

【案例 1.1】在屏幕上打印出 “Hello,world!” 内容。

这是一个简单的 C 语言源程序。解题思路：在主函数中使用 printf 函数原样输出以上文字。

源程序：

```
第 1 行： #include<stdio.h>                   // 这是编译预处理指令
第 2 行： int main()                          // 定义主函数
第 3 行： {                                   // 函数起始位置
第 4 行：         printf (“Hello,world!\n”);  // 调用 printf 函数，输出双引号内的内容
第 5 行：         return 0;                   // 函数执行完毕时返回函数值 0
第 6 行： }                                   // 函数结束位置
```

程序执行结果为：

Hello,world!

Press any key to continue

以上运行结果是在 Visual C++ 6.0 环境下运行程序时屏幕上得到的显示内容。其中，第 1 行是程序运行后输出的结果，第 2 行是 Visual C++ 6.0 系统在输出完运行结果后自动输出的一行信息，告诉用户：如果想继续进行下一步，请按任意键。当用户按任意键后，屏幕上不再显示运行结果，而是返回程序窗口，以便进行下一步工作。

从【案例 1.1】中，我们来总结 C 源程序的结构及其特点。

（1）#include 预编译指令。

程序第 1 行 #include <stdio.h> 是在编译之前把程序需要使用的关于系统定义的函数 printf() 的一些信息文件包含进来。因为程序第 4 行包含了数据向显示器屏幕输出的系统函数的原型 printf() 函数，必须通过 #include 命令把 stdio.h 这个头文件包含进来。stdio 是“standard input & output”的缩写，stdio.h 是系统提供的标准输入 / 输出头文件。

（2）函数由函数首部和函数体组成。

本例中，第 2 行到第 6 行定义了一个函数。第 2 行中，int 是一个关键字，代表此函数的类型是 int 类型（整型），它说明了在执行主函数后会得到一个值（函数返回值），该值为整型。main 是一个标识符，也即函数的名字，表示“主函数”；函数参数给出若干个用逗号分开的变量说明，是函数运算中的自变量，可以缺省，本例中 main() 函数缺省参数。

函数定义格式：

```
函数类型  函数标识符（参数表） // 这是函数首部
       {
            函数体                      // 这是程序的执行部分
       }
```

函数由函数首部和函数体组成。函数体是函数的执行部分，即对自变量进行运算的过程，是由一对花括号 { } 括起来的复合语句。本例中，函数体是由第 4 行和第 5 行组成的复合语句。

第 4 行 printf("Hello,world!\n"); 表示调用 printf 函数，输出双引号内的内容“Hello,world!”，双引号内的“\n”是转义字符，表示换行。因此在 Visual C++ 6.0 环境下运行程序时屏幕上得到的显示为两行。如果第 4 行变为 printf("Hello,world!");，则运行程序后屏幕上得到的显示将变为一行，如下所示：Hello,world!Press any key to continue。

值得注意的是，**C 语言本身不提供输入输出语句**。输入和输出的操作是由库函数 scanf() 和 printf() 等来完成的。

第 5 行 return 0; 表示函数执行完毕时返回函数值 0。

（3）C 程序由函数构成。

C 程序由一个或者多个函数构成，在每个程序中，只能包含并且必须包含一个命名为 main 的主函数，该主函数所在的程序文件称为主文件，其他的程序文件称为次文件或一般文件。每个程序文件可以包含 0 个、一个或若干个用户定义的函数。当然，若需要调用

C 语言系统内部的函数，则必须通过 #include 命令包含相应的系统头文件。如果源程序中有多个函数，C 程序从 main 主函数开始执行，在 main 主函数结束。在本例程序中，源程序仅由一个 main 函数构成，通过调用 printf 库函数输出双引号内字符串 "Hello,world!"。

主函数定义的格式与一般函数相同，只是对函数名做了限制，即必须使用标识符 main 作为函数名。另外，主函数的返回类型通常标识为空类型 void，表明不返回一个值，其参数表也标识为空类型 void，即不含有自变量。主函数的一般格式：

```
void main (void)
{
    语句序列
}
```

本例中，把主函数的返回类型定义为 int 类型，这时主函数的函数体的最后一条语句必须使用语句 return 0; 结束。

（4）C 程序语句以分号结束。

C 程序的执行部分是由语句组成的。C 程序语句以分号结束。C 语言中书写比较自由，可以一个语句写一行，也可以一行书写多个语句，甚至于一个语句也可以写在多行，例如：

```
int a=10,b=20,c=30;          //一个变量声明语句写在一行；在声明变量的同时给变量赋值
int a,b,c; a=10;b=20;c=30;  //这 4 个语句写在一行，声明变量后再对变量 a、b、c 赋值
for(i=0;i<10;i++)
printf("%d",i );    //这是一个语句写成两行，向显示器屏幕输出 0123456789
```

值得注意的是，单独一个分号“;”表示一个空语句。空语句是什么都不执行的语句，在程序中，空语句主要用来空循环体，例如，上例中的循环语句在 for() 语句后增加一个分号“;”，修改后循环体为空语句，循环体语句执行后向显示器屏幕输出 10。

```
for(i=0;i<10;i++) ;          //循环体为空语句
printf("%d", i );            //向显示器屏幕输出 10
```

（5）C 程序的注释语句格式。

在一个程序中的任何位置都可以加注释内容，以便能够使他人很好地阅读程序。C 语言允许有两种注释的方式，可以用汉字或者英文字符表示。

单行注释

语法：

//注释的内容

功能：从“//”符号开始向右边到换行符结束，这一部分内容被编译器忽略，编译时注释部分不产生目标代码，注释对运行不起作用，只是给人看的，不在计算机上执行。

位置：单行注释可以单独占一行，也可以出现在一行中其他内容的右侧，但是不能跨行。

多行注释

语法：

```
/*  注释的内容  */
```

或者

```
/*
注释的内容
*/
```

功能："/*" 与 "*/" 符号之间的所有内容都被编译器忽略。编译系统在发现一个 "/*" 后，会自动寻找注释结束符 "*/"，把二者之间的内容作为注释。

【思考】

（1）参考【案例 1.1】，分析下列程序，思考程序执行结果是什么，给程序每一行加上注释。

```
#include<stdio.h>
main( )
{
  printf("This is a C program.\n") ;
  return 0;
}
```

（2）参考【案例 1.1】，编写程序，在屏幕上打印出以下图形。

```
*********************
  为中华之崛起而读书
*********************
```

【案例 1.2】求两个整数之和。

源程序：

第 1 行	#include <stdio.h>	// 这是编译预处理命令
第 2 行	int main()	// 定义主函数
第 3 行	{	// 函数开始
第 4 行	int a,b,sum;	// 本行是程序的声明部分，定义 a、b、sum 为整型变量
第 5 行	a = 123;	// 对变量 a 赋值
第 6 行	b = 456;	// 对变量 b 赋值
第 7 行	sum = a + b;	// 进行 a+b 运算，并把结果存放在

```
                                            sum 中
第 8 行        printf("sum is %d\n",sum);       // 输出结果
第 9 行        return 0;                        // 使函数返回值为 0
第 10 行   }                                    // 函数结束
```

程序运行结果为：

sum is 579

本例中，要求两个整数的和，则需要设置两个变量并分别存储两个整数，再设置一个变量用来存储和。语句 int a,b,sum; 定义了 a、b、sum 三个整型变量，分别存储加数与和。用赋值符号"="对两个整数进行赋值，并把相加的结果传递给变量 sum。程序第 5 行、第 6 行把十进制整数 123、456 分别赋值给变量 a 和 b。程序第 7 行计算 a+b 后，把相加的结果传递给变量 sum。第 8 行 printf("sum is %d\n",sum); 输出结果，在这里，printf() 函数的圆括号内有两个部分，用逗号隔开，分别为输出格式字符串和输出项列表。第一部分为格式控制部分，用双撇号引起来，内容为"sum is %d\n"，表示用户希望输出字符"sum is"，而 %d 是输出项的格式，表示"十进制整数"形式输出；第二部分表示用户希望输出的输出项，即输出 sum 的值。在执行 printf 函数时，将 sum 变量的值用十进制整数表示（579）并代替双撇号内的 %d，所以输出的结果为"sum is 579"。如果希望输出多个变量值，需用逗号隔开。比如本例中，输出语句修改如下：

```
printf("a is %d, b is %d, sum is %d\n", a, b, sum);
```

则输出结果为：

a is 123, b is 456, sum is 579

【**思考**】若本例中要求输出结果为"a=123, b=456, sum=579"，则 printf 函数应该如何改写呢？

【案例 1.3】输入两个整数，通过调用函数计算它们的和，然后输出和值。

```
第 1 行    #include <stdio.h>              /* 文件包含 stdio 头文件 */
第 2 行    int sum(int x, int y)           /* 定义 sum 函数，两个参数 x 和 y 都是整型 */
第 3 行     {
第 4 行            int z;                  /* 声明定义变量 z 为整型 */
第 5 行            z=x+y;                  /* 计算 x 与 y 的和，将计算结果赋值给 z*/
第 6 行            return (z);             /* 将 z 的值返回调用处 */
第 7 行     }
第 8 行    int main()                      /* 主函数 */
第 9 行     {
第 10 行           int a,b,c;                      /* 声明定义整型变量 a、b 和 c*/
第 11 行           scanf("%d%d",&a,&b);            /* 用户从键盘输入变量 a 和 b 的值 */
第 12 行           c=sum(a,b);                     /* 调用 sum 函数，将得到的值赋给 c*/
```

```
第 13 行        printf("c=%d\n",c);            /* 输出变量 c 的值 */
第 14 行        return 0;
第 15 行    }
```

运行程序，用户从键盘输入两个整数 90 和 7 后，程序运行结果为：

c=97

本例中，程序包含两个函数：main 函数和 sum 函数。

sum 函数的作用就是将 x 和 y 的值相加赋值给变量 z。语句 return (z); 将 z 的值作为 sum 函数的函数值返回，给调用 sum 函数的主函数。返回值通过函数名 sum 带回到 main 函数，取代第 12 行的 sum(a,b)，将值赋值给 c。

与【案例 1.2】不同的是，主函数中 a、b 变量的值是通过 C 标准输入函数 scanf() 获取的。程序第 11 行的作用是输入变量 a 和 b 的值。与 printf 函数类似，scanf 后面圆括号中也包含两部分内容：一部分是双撇号内的格式控制字符串；另一部分是输入的数的存储地址列表。不同的是地址列表 a、b 前需要加一个地址符“&”。变量 a 的地址用 &a 表示，变量 b 的地址用 &b 表示。语句 scanf("%d%d",&a,&b); 的含义是用户按“十进制整型”格式（%d）从键盘输入变量 a 和 b 的值，输入时用回车或者空格表示一个整数输入结束。例如，输入 90< 回车 >7< 回车 >，则执行 scanf 函数以实现从键盘读入这两个整数，送到变量 a 和 b 的地址处，然后把这两个整数分别赋值给变量 a 和 b。

第 12 行 c=sum(a,b); 用 sum(a,b) 调用 sum 函数。调用时将 a 和 b 作为 sum 函数的参数（实际参数），其值分别传送给 sum 函数的参数（形式参数）x 和 y，然后执行 sum 函数的函数体（程序第 4~6 行），使 sum 函数的 z 得到一个值（即 x+y 的值），并将 z 的值返回调用处，然后将这个值赋值给变量 c。

程序的编译是自上而下进行的，本例中 sum 函数的定义在 main 函数之前，sum 函数先定义后调用。如果将 sum 函数和 main 函数的位置互换，则程序可以修改如下：

```
#include <stdio.h>
int main()
{   int sum(int x,int y);        // 主函数增加一行，声明 sum 函数的类型和参数类型
    int a,b,c;
    scanf("%d%d",&a,&b);
    c=sum(a,b);
    printf("c=%d\n",c);
    return 0;
}
int sum(int x,int y)
{   int z;    z=x+y;    return (z);    }
```

其中主函数中增加一行，声明 sum 函数的类型和参数类型。这是因为主函数要调用

sum 函数，而 sum 函数的定义是在 main 函数之后，函数调用编译时，如果没有声明语句，则编译系统无法知道 sum 是什么，因而无法把它作为函数调用处理。为了使编译系统能够识别 sum 函数，就要在调用 sum 函数之前用语句 int sum(int x,int y); 对 sum 函数进行声明。简单地说，就是告诉编译系统 sum 是什么、这个函数有几个参数、参数类型是什么。

从【案例 1.2】和【案例 1.3】来看，两个程序都可以实现求两个整数之和，但【案例 1.3】中采用了函数调用、函数声明等概念，此时可以不必深究，以后在学到有关函数的章节时会有更加详细的介绍。本章中介绍此例子，主要是让读者对 C 程序的基本结构和组成有一个初步的了解，并且通过两个案例程序对比，领会多种途径解决问题的方法，初步理解 C 程序的输入和输出。从书写清晰和便于阅读、理解、维护的角度出发，读者在书写程序时应遵循以下规则，以养成良好的编程风格。

（1）习惯用小写字母，大小写敏感。

（2）一个说明或一个语句占一行，在不导致逻辑错误的前提下，意义相近的几条语句可写在同一行；意义相差甚远的语句不宜写在同一行；可使用空行和空格，同一语句的不同成分之间宜用空格隔开。

（3）常用锯齿形书写格式。同一层次的语句同列开始书写；下一层次的语句（包括选择结构、循环结构中的内嵌语句）在上一层次语句的列位置基础上退后几列开始书写，并合理使用花括号“{}”，以便看起来更加清晰，增加程序的可读性。

（4）及时书写和修改注释，注释宜简明扼要，放在程序的恰当位置。

第 2 章 算法——程序设计的灵魂

本章主要介绍算法，是以后各章学习的基础。学习本章后，可了解算法的概念以及算法的表示方法，熟悉自然语言、传统流程图、N–S 结构化流程图、伪代码等算法表示形式。通过几个简单的算法举例，理解顺序、选择和循环结构的基本控制思想，学习结构化程序设计方法，深入理解结构化程序设计的基本思想，以及好结构对提高程序可读性的重要性。针对不同应用问题，能够用结构化程序思维构造程序。

2.1 算法的定义

广义地说，**为解决一个问题而采取的方法和步骤就称为算法**。例如，描述太极拳动作的图解就是太极拳的“算法”；一首歌的乐谱、炒菜的菜谱、网购下单的过程都可以称为算法。这些“算法”的共同特性：这些步骤是按一定的顺序进行的，缺一不可，次序也不能乱。从事各项工件和活动时，都必须事先想好进行的步骤，然后按部就班地进行，这样才能避免产生错乱。

利用计算机解决问题，就是要设计计算机程序。计算机程序是许多指令的有序集合，每一条指令都可以让计算机执行完成一个具体的操作，一个程序所规定的操作全部执行完后，就能产生计算结果。因此，编写出正确的程序是让计算机解决实际问题的关键。一般编制正确的计算机程序必须具备两个基本条件：一是掌握一门计算机高级语言的规则；二是要掌握解题的方法和步骤。

计算机语言只是一种工具。单单掌握语言的语法规则是不够的，最重要的是学会针对各种类型的问题，拟定出有效的解题方法和步骤的算法。

瑞士的计算机科学家尼古拉斯 · 沃斯（Nikiklaus Wirth）有一句在计算机领域人尽皆知的名言：

数据结构＋算法＝程序

考虑到程序还与程序设计方法和程序设计语言以及开发工具相关，综合一下：

数据结构＋算法＋程序设计方法＋语言工具和环境＝程序

算法即是为解决某个问题而采取的方法和步骤。从字面上而言，算法就是计算方法。但由于计算机可以进行数值计算和非数值运算，所以算法可以包括**数值算法**和**非数值算法**

两大类。数值算法的目的是求数值解，如求方程根、求函数定积分、求多元方程或微分方程数值解；非数值算法最常见的是事务处理，如图书管理、人事管理、车辆调度等。

对于同一个问题，可以有不同的解题方法和步骤。例如，计算 1+2+3+…+100，可以采取最原始的方法，即直接计算 1 加 2 再加 3 一直加到 100；也可以计算 100+（1+99）+…+50；虽然两种方法都可以得到正确答案，但工作量不同，消耗的时间也不同。可见，为了有效地解题，不仅需要保证算法正确，还要考虑算法的质量，选择合适的算法。

2.2　算法的特性

一个正确的算法具有 5 个基本特征。

（1）**有穷性**。即一个算法必须在有限次执行后完成，一个算法必须总是（对任何合法的输入值）在执行有穷步之后结束，且每一步都可在有穷时间内完成。例如，下列过程就不是一个正确的算法：

第一步：令 n 等于 0；

第二步：n 加 1；

第三步：转向第二步。

如果利用计算机执行此过程，从理论上讲，计算机将永远执行下去，即死循环。

而下列过程就是一个正确的算法：

第一步：令 n 等于 0；

第二步：n 加 1；

第三步：如果 n 小于 100，则转向第二步，否则停止。

（2）**确定性**。即一个算法中的每一个步骤必须有明确的定义，不能有语义不明确的地方。

例如，菜谱的“算法”设计中写到“盐适量”，这就是一个不明确的地方，到底多少是适量？或者说“盐一勺”，这也是不确定的，多大勺呢？算法的含义应当是唯一的，不应当产生歧义。那么怎样才不会产生歧义呢？这里的“算法”明确写明“盐 5g”，那么就具有确定性了。

（3）**输入**。一个算法有 0 个或多个输入。输入是指在执行算法时，需要从外界获取的必要的信息。例如，超市结账时必须获取购买的物品的数量和单价，这个即为输入。算法可以没有输入，例如，打印字符串“hello world”就不需要输入参数，可调用库函数 printf() 实现，如 printf("hello world"); 。

（4）**输出**。算法的设计就是为了解决问题，即求解。这个“解”就是输出。一个算法有一个或多个输出。若无输出，则无法知道结果。输出的形式不一定就是计算机的打印输出或者屏幕输出，也可以是返回值。

（5）**可行性**。即算法的每一步都必须是可行的，也就是说，每一步都能够通过执行有限次数完成。例如，$y=\sqrt{x}$，若 $x<0$，则不能有效执行。

实质上，算法反映的是解决问题的思路。对于许多问题，只要仔细分析对象数据，就容易找到处理方法。通常设计一个“好”的算法应考虑达到以下目标。

• 正确：算法应当能够正确地求解问题。

• 可读：算法应当具有良好的可读性，便于人们理解。

• 健壮：当输入非法数据时，算法能适当做出反应或进行处理，不会产生莫名其妙的输出结果。

• 效率与低存储量需求：效率是指算法执行的时间，存储量需求是指算法执行过程中所需要的最大存储空间，这两者都与问题的规模有关。

2.3 算法的表示

算法的表示方法有很多，主要包括自然语言、流程图、伪代码和计算机程序语言等。这里重点学习的是用流程图表示算法，包括传统流程图和 **N–S** 图。

2.3.1 用自然语言表示算法

【案例 2.1】求 1+2+3+…+100。

算法设计 1

步骤 1：先求 1 加上 2，得到结果 3；

步骤 2：将步骤 1 得到的和再加上 3，得到结果 6；

步骤 3：将步骤 2 得到的和再加上 4，得到结果 10；

……

步骤 99：将步骤 98 得到的和再加上 100，得到结果 5050。

这样设计的算法按步骤执行，属于顺序结构。虽然是正确的，但是非常复杂，需要写 99 个步骤，如果计算的是 $1+2+3+\cdots+n$，则需要写 $n-1$ 个步骤，显然不可取。而且，每一步都需要使用上一个步骤的具体运算结果（3、6、10 等），非常不方便。应当找到一种通用的表示方法。

算法设计 2

使用循环算法来求结果。设计两个变量，分别存储加数与和，按标识符的命名原则，将两个变量分别命名为 i 与 sum，i 代表加数，取值范围是 1~100；sum 代表和，其初值为 0。算法改写如下：

步骤 1：定义两个变量 i 和 sum；

步骤 2：分别为变量 i 和 sum 赋初始值 1 和 0；

步骤 3：将 sum 与 i 的值相加，和依然存放在变量 sum 中，则可以表示为 sum+i ⇒ sum；

步骤 4：将 i 的值加 1，即 i+1 ⇒ i；

步骤 5：如果 i 的值不大于 100，则返回步骤 3 重新执行。步骤 3、步骤 4 和步骤 5 构成一个循环，直到i>100，则结束循环，算法结束。最终得到的sum的值就是要求的解。

显然，这种算法为循环结构，比算法设计 1 更为简洁。

算法设计 3

数学家高斯利用等差级数的对称性，把数目一对对地凑在一起：1+100, 2+99,3+98,…,49+52,50+51，而这样的组合有 50 组，这样很快就可以求出答案。我们这样来考虑，设计 3 个具有存储功能的变量，分别存储首项、末项与和，按标识符的命名原则，将变量分别命名为 i、n 与 sum，i 代表首项，取值为 1；n 代表末项，取值为 100；sum 代表和，其初值为 0。使用顺序算法来求结果，算法改写如下：

步骤 1：定义 3 个变量 i、n 和 sum；

步骤 2：分别为变量 i、n 和 sum 赋初始值 1、100 和 0；

步骤 3：求（首项 + 末项）× 项数 ÷ 2 ⇒ sum，即（i+n）× n ÷ 2 ⇒ sum，则得到结果 101 × 50=5050。

在本方法中，算法设计只有 3 个步骤，且没有循环，相比以上两个算法设计都更为简洁。但是如果求解的是 1+2+3+…+99，按照这个思路设计，把数目一对对地凑在一起：1+99,2+98,3+97,…,48+52,49+51，这样的组合有 49 组，而中间项（50）则剩下了。按上述算法计算，步骤 3 计算结果与事实不符，需要进行改进，修改如下：

步骤 3'：求（首项 + 末项）× 组数 + 中间项⇒ sum，即（i+n）×（n–1）÷ 2+（1+n）÷ 2 ⇒ sum，得到结果（1+99）× 49+50=4950。

在这种算法设计中，我们需要判别 n 的值是奇数还是偶数，如果 n 为偶数，则执行步骤 3；如果 n 为奇数，则执行步骤 3'，这样算法才具有通用性。整个算法设计调整如下：

步骤 1：定义三个变量 i、n 和 sum；

步骤 2：分别为变量 i、n 和 sum 赋初始值 1、100 和 0；

步骤 3：判断 n 的值是奇数还是偶数，如果 n 为偶数，则执行步骤 4，否则执行步骤 5。

步骤 4：求（首项 + 末项）× 项数 ÷ 2 ⇒ sum，即（i+n）× n ÷ 2 ⇒ sum。

步骤 5：求（首项 + 末项）× 组数 + 中间项⇒ sum，即（i+n）×（n–1）÷ 2+（1+n）÷ 2 ⇒ sum。

这种算法为选择结构，简洁且具有代表性，计算中有两个输出，但是“解”具有唯一确定性。在求解过程中应该找到一般规律，用数学算法描述。

2.3.2　用传统流程图表示算法

用图表示的算法就是流程图。流程图是用一些图框来表示各种类型的操作，在框内写出各个步骤，然后用带箭头的线把它们连接起来，以表示执行的先后顺序。用图形表示算法的方式直观形象，易于理解。美国国家标准化协会 ANSI 规定了一些常用的流程图符号来表示各种操作，最常用的流程图符号见表 2.1。

表2.1　常见流程图图形符号

流程框	图形符号	意义和作用
起止框	⬭	表示流程开始或结束
处理框	▭	表示一般的处理功能
判断框	◇	表示对一个给定的条件进行判断，根据给定的条件是否成立决定如何执行其后的操作
输入输出框	▱	表示数据的输入或结果的输出
流程线	→↓	表示流程的路径和方向
连接点	○	圆圈内数字相同，表示这两个点是连接在一起的
注释框	---[	对流程图中某些框的操作做必要的补充说明，以帮助更好地理解流程图的作用

菱形框的作用是对一个给定的条件进行判断，根据给定的条件是否成立来决定如何执行其后的操作。它有一个入口、两个出口，如图 2.1 所示。

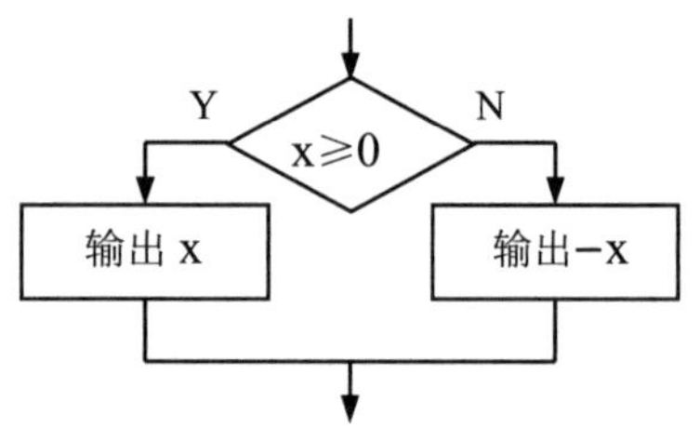

图 2.1　条件判断示意

菱形框两侧的“Y”和“N”表示“是”（YES）和“否”（NO）。则流程图表示的意思：如果 x ≥ 0，则输出 x，否则输出 -x。

连接点可以用于流程图位置不够或者流程有交叉的地方。如图 2.2 中有两个相同标号的连接点，即①、②和③，则表示这两个点是连接在一起的，相当于一个点。使用连接点可以避免流程线的交叉或流程线过长，使流程图更为清晰。

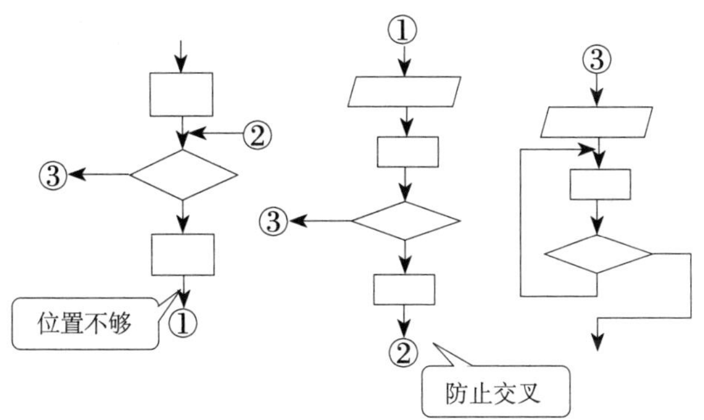

图 2.2 传统流程图连接点应用示意

用传统流程图表示【案例 2.1】（即求 1+2+3+…+100 之和）的算法设计 2 流程，如图2.3 所示。

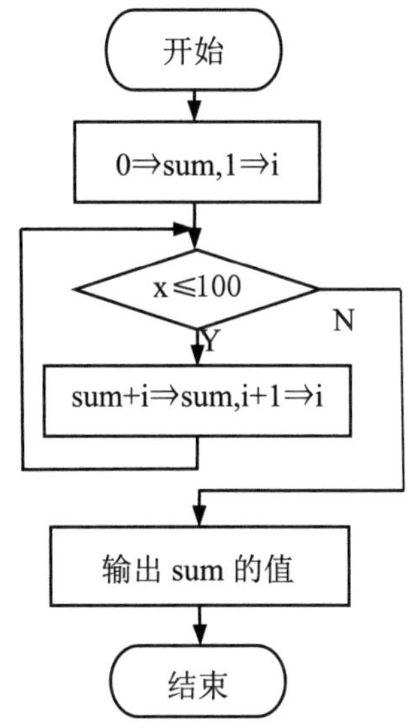

图 2.3 循环结构流程

程序框图表示程序内各步骤的内容以及它们的关系和执行的顺序。它说明了程序的逻辑结构。框图应该足够详细，以便可以按照它顺利地写出程序，而不必在编写时临时构思，甚至出现逻辑错误。流程图不仅可以指导编写程序，而且可以在调试程序中用来检查程序的正确性。如果框图是正确的而结果不对，则按照框图逐步检查程序是很容易发现其错误的。流程图还能作为程序说明书的一部分提供给他人，以便帮助他人理解编写程序的思路和结构。

2.3.3 用 N–S 图表示算法

传统的流程图用流程线指出各框的执行顺序，对流程线的使用没有严格限制。因此，若使用者随意使用流程线绘制流程，会使流程图变得毫无规律，阅读者要花费很大精力去追踪流程，难以理解算法的逻辑。如果写出的算法能限制流程的无规律任意转向，而是像一本书那样，由各章各节按顺序组成，那样，流程图阅读起来就很方便，只需从头到尾按顺序看下去即可。

1973 年，美国学者 I. Nassi 和 B. Shneiderman 提出了一种新的流程图形式。在这种流程图中，完全去掉了带箭头的流程线，全部算法写在一个矩形框内。另外，该框内还可以包含其他从属于它的框，即可由一些基本的框组成一个大的框。这种适用于结构化程序设计的流程图称为 N–S 结构化流程图。【案例 2.1】(即求 1+2+3+…+100 之和) 的 N–S 流程图如图 2.4 所示。

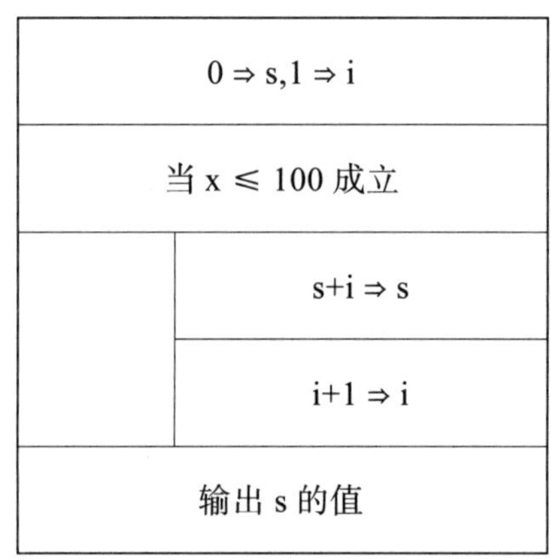

图 2.4 循环结构 N–S 流程图

在这种流程图里，整个算法结构是由各个基本结构按顺序组成的，其上下顺序就是执行时的顺序。编写算法和阅读算法时只需从上到下按顺序进行即可，十分方便。这种流程图适用于结构化程序设计算法的描述。

2.3.4 C 语言程序程序结构

为了提高算法的质量，使算法的设计和阅读方便，必须限制箭头的滥用，即不允许无规律地使流程胡乱转向，而是只能按顺序进行下去。但是，算法上难免会包含一些分支和循环，而不可能全部由一个一个的框顺序组成。设想，如果规定几种基本结构，然后由这些基本结构按一定规律组成一个算法结构，就如同用一些基本预制构件来搭建房屋一样，那么整个算法的结构就是由上而下地将各个基本结构顺序排列起来的。1966 年，Bohra 和 Jacoplni 提出了以下 3 种基本结构，即顺序结构、选择结构和循环结构。

1. 顺序结构

顺序结构是按顺序执行指定操作，如图 2.5 所示，A 和 B 两个框是顺序执行的，在执行完 A 框所指定的操作后，接着执行 B 框所指定的操作。顺序结构是最简单的一种基本结构。对比传统流程图（图 2.5（a））和 N–S 流程图（图 2.5（b））表示的顺序结构，可以看出 N–S 流程图更为简洁。图 2.5（c）表示输出 y =（4–2）× 5 + 6 的流程。

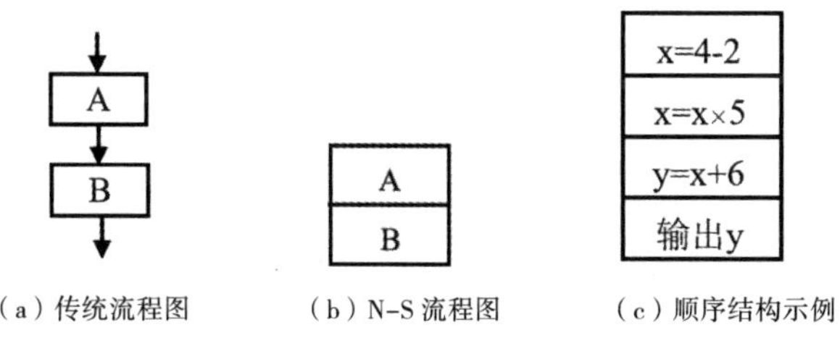

图 2.5　顺序结构流程图示意

2. 选择结构

如图 2.6 所示的流程图包含一个判断框。根据给定的条件 P 是否成立而选择执行流程 A 或者流程 B。P 条件可以是 $x > 0$ 或 $x > y$ 等任何条件表达式。注意，无论 P 条件是否成立，只能执行 A 或 B 之一，不可能既执行 A 又执行 B。无论走哪一条路径，在执行完 A 或 B 之后将脱离选择结构。A 或 B 两个框中可以有一个是空的，即不执行任何操作，如图 2.6（c）所示，当条件 P 不满足时，不执行任何操作，直接继续下面的流程。

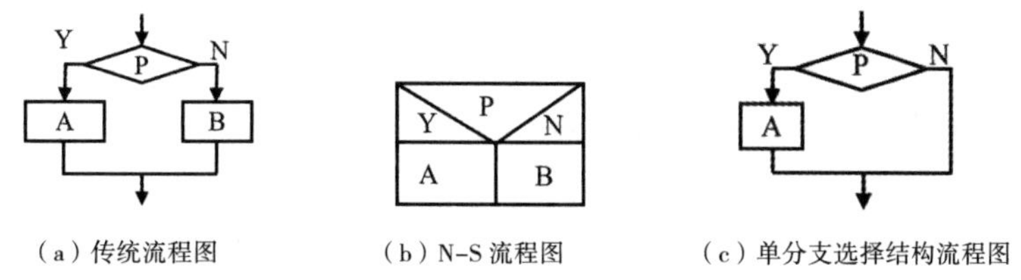

图 2.6　选择结构流程图示意

3. 循环结构

循环结构又称重复结构，即反复执行某一部分的操作。具体包含如下两类循环结构。

（1）当型（While）循环：如图 2.7 所示，当给定的条件 P 成立时，执行 A 框操作，然后再判断 P 条件是否成立。如果仍然成立，再执行 A 框，如此反复，直到 P 条件不成立为止。此时不执行 A 框而脱离循环结构。

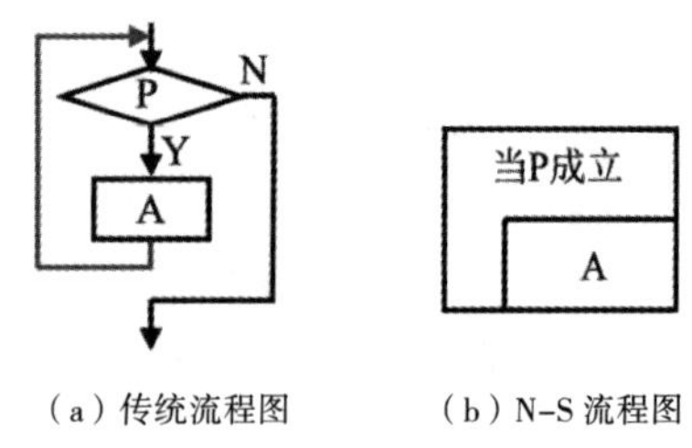

图 2.7　当型循环结构流程图示意

（2）直到型（Until）循环：如图 2.8 所示，先执行 A 框，然后判断给定的 P 条件是否成立。如果 P 条件成立，则循环执行 A，然后再一次对 P 条件做判断。如此反复，直到给定的 P 条件不成立为止，此时脱离本循环结构。

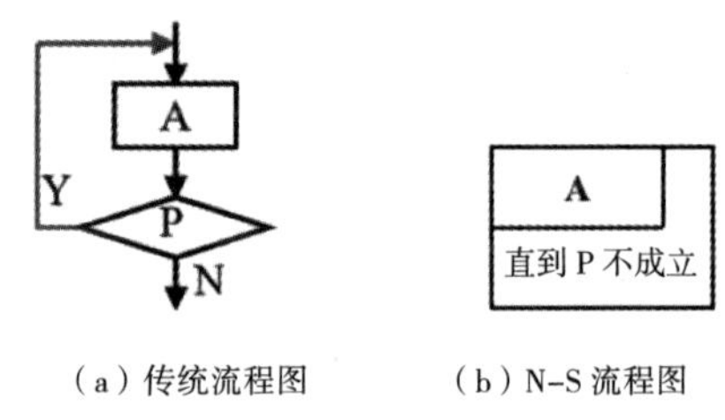

图 2.8　直到型循环结构流程图示意

同一个问题既可以用当型循环来处理，也可以用直到型循环来处理。对于同一个问题，当分别用当型循环结构和直到型循环结构来处理时，如果初始条件就满足条件 P，则两种语句执行结果是一样的，但是如果初始条件就不满足条件 P，则当型循环的循环体 A 不执行，而直到型循环的循环体 A 至少执行一次。

综上可知，一个结构化的算法是由一些基本结构顺序组成的；在基本结构之间不存在向前或向后的跳转，流程的转移只存在于一个基本结构范围之内（如循环中流程的跳转）；一个非结构化的算法可以用一个等价的结构化算法代替，其功能不变。如果一个算法不能分解为若干个基本结构，则它不是一个结构化的算法。

【案例 2.2】有 20 个学生，要求输出成绩在 80 分及其以上的学生学号和成绩。

1）案例分析

用 ni 代表第 i 个学生学号，gi 表示第 i 个学生成绩，只需要判断条件 gi ≥ 80 是否成立，根据判断结果决定是否输出。

2）算法设计

S1：i=1；

S2：如果 gi ≥ 80，则输出 ni 和 gi，否则不输出；

S3：i=i+1；

S4：如果 i ≤ 20，返回到 S2，继续执行；否则算法结束。

3）流程图表达

如图 2.9 和图 2.10 所示。

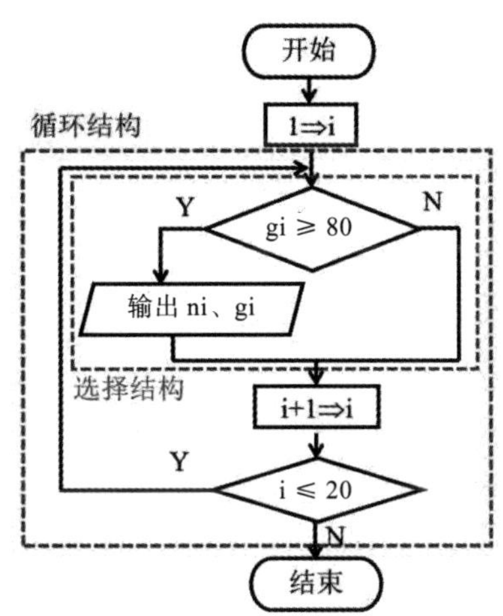

图 2.9　分数统计传统流程图示意

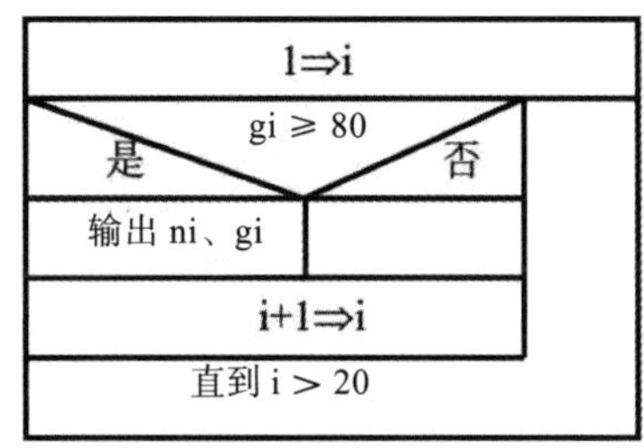

图 2.10　分数统计 N-S 流程图示意

4）用计算机语言表示：

```
#include<stdio.h>
int main()
{   int i,ni;
    int g[20]={89,86,75,68,49,79,86,85,98,69,85,84,75,64,89,84,76,84,78,79};
    for(i=0;i<20;i++)
    {       ni=i+1;
            if(g[i]>=80) printf(" 学号 =%d 成绩 =%d.\n",ni,g[i]);   }
    return 0;   }
```

【案例 2.3】判断 2000—2500 年中的每一年是否为闰年，将结果输出。

1）案例分析

闰年的条件需要满足下列之一。

①能被 4 整除，但不能被 100 整除的年份是闰年，如 1996、2004 是闰年。

②能被 100 整除，又能被 400 整除的年份是闰年，如 1600、2000 是闰年。

不符合这两个条件的年份不是闰年。

2）算法设计

S1 ：y=2000 ；

S2 ：若 y 不能被 4 整除，则输出“y 不是闰年”。然后转到 S5 ；

S3 ：若 y 能被 4 整除，不能被 100 整除，则输出“y 是闰年”，然后转到 S5 ；

S4：若 y 能被 100 整除，又能被 400 整除，输出“y 是闰年”，否则输出“y 不是闰年”；

S5：y=y+1；

S6：当 y ≤ 2500 时，转到 S2 继续执行，若 y>2500，算法停止。

3）N–S 流程图表达

如图 2.11 所示。

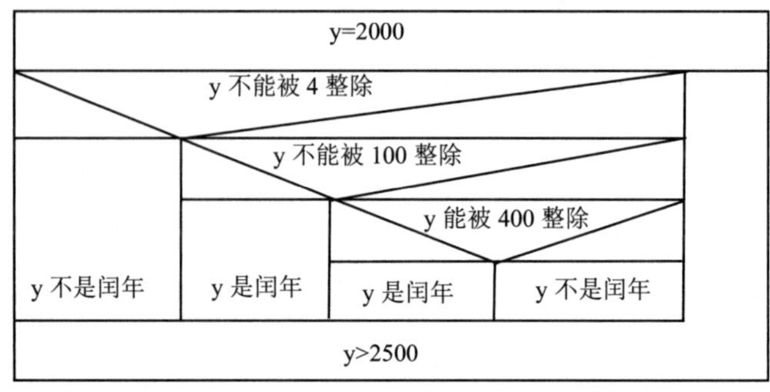

图 2.11　闰年判断 N–S 流程图示意

4）传统流程图表达

如图 2.12 所示。

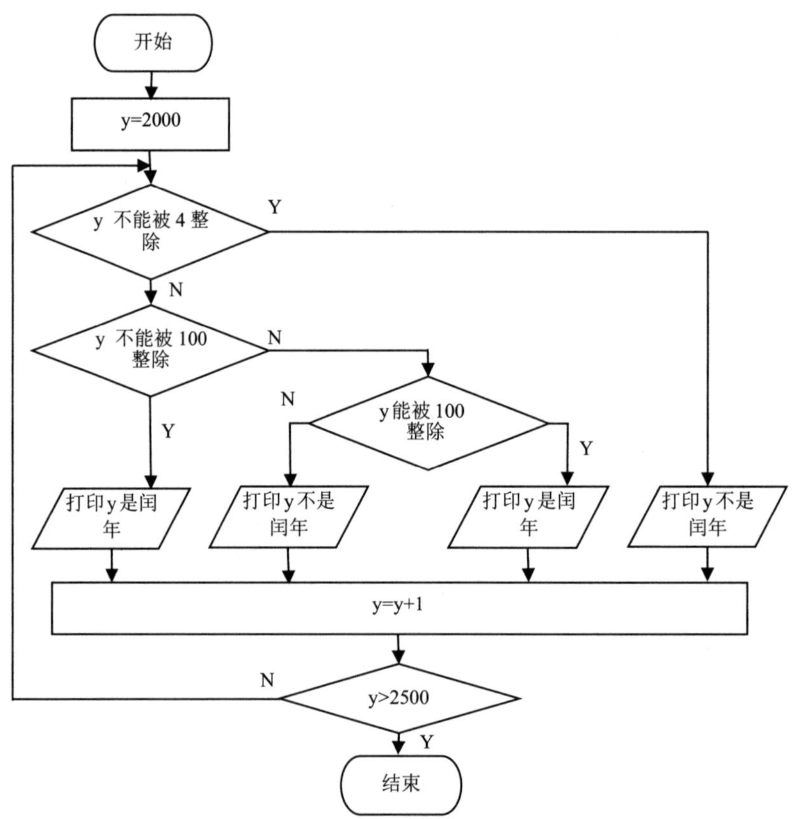

图 2.12　闰年判断传统流程图示意

5）用计算机语言表示

```
#include<stdio.h>
main()
{  int  y=2000;
   while(y<=2500)
   {        if(y%4!=0)printf("%d not!\n",y);
                 else if(y%100!=0)printf("%d ok!\n",y);
                      else if(y%400==0)printf("%d ok!\n",y);
                           else printf("%d not!\n" ,y);
   y++;
   }
}
```

2.4　结构化程序设计方法

一个结构化程序就是用高级语言表示的结构化算法。用顺序结构、选择结构、（包括多分支结构）和循环结构这 3 种基本结构组成的程序必然是结构化的程序，这种程序便于编写、阅读、修改和维护。这就减少了程序出错的机会，提高了程序可读性和易维护性、可调性和可扩充性，保证了程序的质量。

结构化程序设计强调程序设计风格和程序结构的规范化，提倡清晰的结构。怎样才能得到一个结构化的程序呢？如果面临一个复杂的问题，是难以快速写出一个层次分明、结构清晰、算法正确的程序的。结构化程序设计方法的基本思路是，把一个复杂问题的求解过程分阶段进行，每个阶段处理的问题都控制在人们容易理解和处理的范围内。一般来说，程序设计遵循以下步骤。

（1）分析问题，建立数学模型。

（2）确定数据结构。

（3）确定算法，描述算法。

（4）编制程序，调试程序。

（5）运行结果。

第 3 章　最简单的 C 程序设计

数据是程序设计中的重要组成部分，是程序处理的对象。计算机中处理的数据不仅仅是简单的数字，还包括文字、声音、图形图像等各种数据形式。C 语言提供了丰富的数据类型，方便了我们对现实世界中各种各样数据形式的描述。针对各种类型的数据，C 语言同时提供了丰富的运算符及相应的加工处理技术，它们各具特点。

本章主要介绍 C 语言的基本数据类型、常量变量、运算符及表达式。通过对本章的学习，了解 C 语言的标识符和关键字，掌握数据和数据类型及运算符和表达式。

3.1　C 语言的数据类型

数据是计算机程序中处理的所有信息的总称，它以某种特定形式存在。例如，人的姓名信息的描述一般采用字符，年龄的描述一般采用整数，而对商品的价格描述一般都采用浮点数。这里的“数据”含义非常广泛，包括数值、文字、图形、图像、视频等各种数据形式。计算机内部一律采用二进制表示数据。为了更好地对数据进行存储和处理，C 语言把数据分成了以下几种类型，见图 3.1。

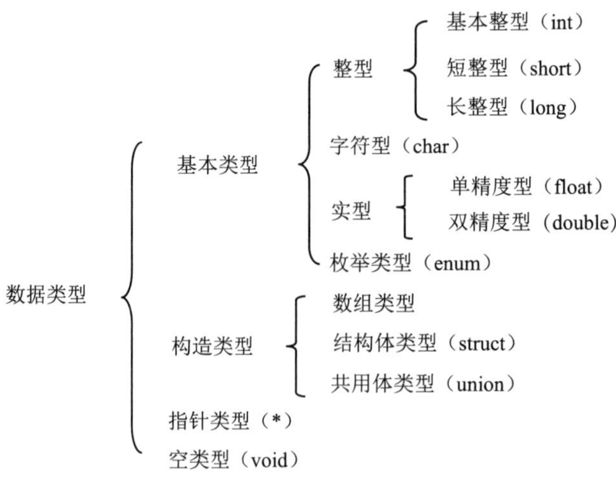

图 3.1　C 语言数据类型

【说明】

（1）在C语言中，数据类型可分为基本数据类型、构造数据类型、指针类型、空类型四大类。基本数据类型不可以再分解为其他类型。

（2）构造类型是根据已定义的一个或多个数据类型用构造的方法来定义的。一个构造类型的值可以分解成若干个“成员”或“元素”。每个“成员”可以是一个基本数据类型，也可以是一个构造类型。在 C 语言中，构造类型有以下几种：数组类型、结构体类型、共用体类型。

（3）指针类型是一种特殊的，同时又具有重要作用的数据类型。其值用来表示某个变量在存储器中的地址。虽然指针变量的取值类似于整型量，但不能混为一谈。

（4）空类型是一种特殊的数据类型，一般用于对函数的类型说明。例如，在调用函数值时，通常应向调用者返回一个函数值。这个返回的函数值是具有一定的数据类型的，应在函数定义及函数说明中给予说明。但有一类函数，调用后并不需要向调用者返回函数值，这种函数可以定义为“空类型”。其类型说明符为 void。

在本章我们主要介绍基本数据类型。对于基本数据类型量，按其取值是否可改变又分为常量和变量两种。

1. 常量

程序运行过程中值不可改变的量称为常量，也就是常数，可分为直接常量和符号常量。

2. 变量

在程序执行过程中取值可变的量称为变量。它们可与数据类型结合起来，分为整型常量、整型变量、浮点常量、浮点变量、字符常量、字符变量等。

变量就是计算机内存中的某一个存储单元。计算机最初的功能就是存储数据并处理数据。计算机的硬件设施中有一个区域是用来存储数据的，计算机在工作的过程中会频繁地从这个区域读入和读出数据。要想让计算机按照某些指令（程序）自动工作，首先必须把数据存储到计算机的存储空间中。在 C 语言中实现这种数据存储功能的就是变量。

C 语言中变量在使用之前必须先对其进行定义，变量的定义的一般形式如下：

【存储类别】数据类型 变量名；

如 int a; 表示定义一个整型变量，变量名称为 a，定义中变量 a 的存储类别是省略的。

（1）变量的存储类型。定义变量时存储类别可以省略。变量的存储类别决定了变量中的数据在计算机内存中的存储位置。C 语言中局部变量存放在动态存储区，全局变量或者静态变量存放在静态存储区。在后续的章节中会详细叙述。

（2）变量的数据类型。数据类型在用程序处理问题之前，首先必须确定用何种方式描述问题中所涉及的数据。例如，想要存储整数就定义成 int 型；想要存储小数就定义成 float 型或 double 型；想要存储字符就定义成 char 型；等等。变量的数据类型用来决定变量在计算机中占用内存空间的大小。任何一个 C 语言的变量必须有确定的数据类型，不管这个变量如何变化，变量的值都必须符合该变量数据类型的规定。

（3）变量的名字。C 语言中的变量就是计算机的某个存储单元。计算机的内存是以字节为单位进行划分的。每个存储单元都有自己的地址编号，就像宾馆中房间的房间号一样。计算机就是通过地址来准确地确定数据的存储位置。但是对于程序员特别是非专业计算机人士来说，如果用计算机内存地址记录数据是非常难操作的。为了更好地掌控变量，C 语言规定可以给每个变量定义一个容易识别的名字，这就是变量名。例如，想要处理的数据是姓名，就定义名为 name 的变量；想要处理的是成绩，则定义名为 score 的变量。

变量名的命名规则遵循 C 语言的标识符命名规则，即只能是由字母（A ~ Z,a ~ z）、数字（0 ~ 9）、下画线（_）组成的字符串，并且其第一个字符必须是字母或下画线，最好是能够“见名知义”。

3.2 整型数据

整型数据类型就是我们常说的整数，如 123456、20、0 都是整型。整型数据只用来表示整数，以二进制形式存储。

3.2.1 整型常量

1. 不同进制整型常量

在 C 语言中，整型常量分为十进制整型常量、八进制整型常量和十六进制整型常量 3 种表示形式。

1）十进制整型常量

由数字 0 ~ 9 和正负号表示，如 123、–456、0 都是合法的十进制整型常量。而 023、23D 就不是合法的十进制整型常量，这里，数据 023 不能有前导 0，而数据 23D 中含有非十进制数码 D，都是不合法的。

2）八进制整型常量

由前缀 0 开头，后跟数字 0 ~ 7 表示，如 0111（十进制数 73）、011（十进制数 9）、0123（十进制数 83）等都是合法的八进制整型常量。而以下各数都不是合法的八进制数：256（无前缀 0）、03A2（包含了非八进制数码 A）。

3）十六制整型常量

由 0x 或 0X 开头，后跟 0 ~ 9 和 a ~ f（或 A ~ F）表示。如 0x11（十进制数 17）、0Xa5（十进制数 165）、0x5a（十进制数 90）等都是合法的十六进制整型常量。

2. 长整型常量

C 语言还提供了一种长整型常量。它们的数值范围是十进制的 –2147483648 ~ +2147483647，在计算机中最少占用 4 个字节。它的书写方法也分为十进制、八进制和十六进制整数 3 种，唯一不同的是在整数的末尾要加上小写字母“l”或者大写字母“L”。例如，10L、0111L、0x15L 都是长整型常量。

由于整型常量分为短整型和长整型两种，又有十进制、八进制和十六进制 3 种书写形式，因此使用整型常量时要注意区分。例如，10 和 10L 是不同的整型常量，虽然它们有相同的数值，但它们在内存中占用不同数量的字节；又如，10、010、0x10 虽然都是短整型常量，但它们表示不同的整数值。

3. 无符号整型常量

一个整型常量后加一个字母“u”或“U”则认为它是无符号整型数据，在内存中按无符号整型规定的形式存放。如果是负数后加字母“u”或“U”，则先把负数转换成补码，然后再按无符号数存储。例如，对于 -12345u，需先将 -12345 转换成补码 53191，然后再按无符号数存储。

3.2.2　整型变量

整型变量包括基本型（int）、短整型（short [int]）、长整形（long [int]）、双长整型（long long [int]）等不同类型。分别用不同的关键字声明其数据类型，并且在计算机中占用存储单元的长度也各不相同。

1. 基本整型变量

类型说明符为 int 或 signed int，例如：

```
int a,b,c;                 // 定义变量 a、b、c 为整型变量
int a; int b; int c;       // 定义变量 a、b、c 为整型变量
```

以上两种定义变量的方式都可以定义 3 个整型变量 a、b、c。不同的是，第一种方式在一个语句中定义了 3 个变量，而第二种方式中用了 3 个语句定义。多个变量数据类型一致的时候，可以采用统一的类型说明符来说明变量的数据类型。同时要注意如下问题。

- 一个类型说明符后面可跟多个相同类型的变量，各变量名之间用逗号隔开。
- 最后一个变量名后边必须用分号结尾。

2. 短整型变量

类型说明符为 short int 或 short，例如：

```
short x, y, z;             // 定义变量 x、y、z 为短整型变量
short int x, y, z;         // 定义 x、y、z 为短整型变量
```

【延伸拓展】sizeof 运算符应用。

```
#include <stdio.h>
main()
{   printf(" %d ",sizeof(short int));printf(" %d ",sizeof(int) );
    printf(" %d ",sizeof(double) );printf(" %d ",sizeof(float) );
    printf(" %d \n ",sizeof(char) );  }
```

程序运行结果为：

2 4 8 4 1

从上例运行可以看出，在 VC++ 6.0 编译系统中，短整型（short int）数据占用内存 2 个字节，基本整型（int）数据占用内存 4 个字节，双精度浮点型（double）数据占用内存 8 个字节，单精度浮点型（float）数据占用内存 4 个字节，字符型（char）数据占用内存 1 个字节。

3. 长整型变量

类型说明符为 long int 或 long，例如：

```
long int m, n;                    // 定义 m、n 为长整型变量
```

在内存中占 4 个字节，其取值为长整常数。在任何编译系统中，长整型都是占 4 个字节。在一般情况下，其所占的字节数和取值范围与基本型相同。

4. 无符号整型变量

在编译系统中，系统会区分有符号数和无符号数，区分的依据是如何解释字节中的最高位，如果最高位被解释为数据位，则整型数据则表示为无符号数。在数据类型说明符的前面可以加修饰符 signed 表示“有符号”，也可以不加。若指定为“无符号”，则需要加修饰符 unsigned，与上述 3 种类型搭配使用，可构成以下类型。

- 无符号基本型：类型说明符为 unsigned int 或 unsigned。
- 无符号短整型：类型说明符为 unsigned short。
- 无符号长整型：类型说明符为 unsigned long。

各种无符号类型变量所占的内存空间字节数与相应的有符号类型变量相同。但由于省去了符号位，故不能表示负数。例如，16 位二进制有符号整型变量最大可表示 32767，其在计算机中的存储如下：

0	1	1	1	1	1	1	1	1	1	1	1	1	1	1	1

而 16 位二进制无符号整型变量最大可表示 65535，其在计算机中的存储如下：

1	1	1	1	1	1	1	1	1	1	1	1	1	1	1	1

表 3.1 列出了 VC++ 6.0 编译系统中各类整型变量所分配的内存字节数及数的表示范围。

表3.1　各类整型量所分配的内存字节数及数的表示范围

类型说明符	数的范围	字节数
int	−2147483648 ~ 2147483647，即 -2^{31} ~ （$2^{31}-1$）	4
unsigned int	0 ~ 4294967295，即 0 ~ （$2^{32}-1$）	4
short int	−32768 ~ 32767，即 -2^{15} ~ （$2^{15}-1$）	2

续　表

类型说明符	数的范围	字节数
unsigned short int	0 ~ 65535，即 0 ~（$2^{16}-1$）	2
long int	−2147483648 ~ 2147483647，即 -2^{31} ~（$2^{31}-1$）	4
unsigned long	0 ~ 4294967295，即 0 ~（$2^{32}-1$）	4

3.2.3　整型数据的使用

【案例 3.1】不同进制整型变量的使用。

```
#include <stdio.h>
int main()
{  int y=074;      int z=0x64;
   printf(" y = %d, ",y);    // 以十进制形式输出带符号整数，正数不输出符号
   printf(" y = %o, ",y);    // 以八进制形式输出带符号整数，不输出前缀 0
   printf(" y = %#o, ",y);   // 以八进制形式输出带符号整数，输出前缀 0
   printf(" z = %d, ",z);    // 以十进制形式输出带符号整数
   printf(" z = %x, ",z);    // 以十六进制形式输出带符号整数，不输出前缀 0x
   printf(" z = %#x, ",z);   // 以十六进制形式输出带符号整数，输出前缀 0x
   return 0;          }
```

程序运行结果为：

y = 60, y = 74, y = 074, z = 100, z = 64, z = 0x64

【拓展延伸】printf 函数调用的一般形式为：

printf(" 格式控制字符串 ", 输出表列)

其中，格式控制字符串用于指定输出格式。格式控制字符串可由格式字符串和非格式字符串两种组成。格式字符串是以 % 开头的字符串，在 % 后面跟有各种格式字符，以说明输出数据的类型、形式、长度、小数位数等。C 语言中格式字符串的一般形式为：

%[标志][输出最小宽度][. 精度][长度] 类型

其中，方括号 [] 中的项为可选项。【案例 3.1】中，" %d" 表示以十进制形式输出带符号整数 (正数不输出符号)；" %o" 表示以八进制形式输出无符号整数；" %x" 表示以十六进制形式输出无符号整数。非格式字符串在输出时原样照印，在显示中起提示作用。

1. 格式字符的含义

C 语言中格式字符及其意义如表 3.2 所示。

表3.2　格式字符及其意义

字符	意义
a	浮点数、十六进制数字和 p- 计数法（C99）
A	浮点数、十六进制数字和 p- 计数法（C99）
c	输出单个字符
d	以十进制形式输出带符号整数（正数不输出符号）
e	以指数形式输出单、双精度实数
E	以指数形式输出单、双精度实数
f	以小数形式输出单、双精度实数
g	以 %f%e 中较短的输出宽度输出单、双精度实数，%e 格式在指数小于 -4 或者大于等于精度时使用
G	以 %f%e 中较短的输出宽度输出单、双精度实数，%e 格式在指数小于 -4 或者大于等于精度时使用
i	有符号十进制整数（与 %d 相同）
o	以八进制形式输出无符号整数（不输出前缀 0）
p	指针
s	输出字符串
x	以十六进制形式输出无符号整数（不输出前缀 0x）
X	以十六进制形式输出无符号整数（不输出前缀 0x）
u	以十进制形式输出无符号整数

2. 标志字符的含义

格式字符串中的标志字符包括 -、+、#、空格和 0 五种，其意义如表 3.3 所示。

表3.3　格式字符串中标志字符及其意义

标志	意义
-	结果左对齐，右边填空格
+	输出符号（正号或负号）

续　表

标志	意义
空格	输出值为正时冠以空格，为负时冠以负号
#	对 c、s、d、u 类无影响；对 o 类，在输出时加前缀 0；对 x 类，在输出时加前缀 0x 或者 0X；对 g、G 类，防止尾随 0 被删除；对于所有的浮点形式，# 保证了即使不跟任何数字，也打印一个小数点字符
0	对于所有的数字格式，用前导 0 填充字段宽度，若出现 – 标志或者指定了精度（对于整数），忽略 – 标志意义

3. 输出最小宽度

用十进制整数来表示输出的最少位数。若实际位数多于定义的宽度，则按实际位数输出；若实际位数少于定义的宽度，则补以空格或 0。例如：

```
#include <stdio.h>
void main()
{ printf(" *%–10d*\n", 10000);  // 实际位数少于定义宽度 10, 以空格补齐，左对齐
  printf(" *%+10d*\n" , –1000);  // 实际位数少于定义宽度 10，以 0 补齐，右对齐
  printf(" *%2d*\n" , 10000);    // 实际位数多于定义宽度，则按实际位数输出
}
```

程序运行结果为：

```
*10000     *
*     –1000*
*10000*
```

【案例 3.2】整型数据的溢出。

```
#include <stdio.h>
int main()
{
    short int a,b;               // 定义短整型变量 a、b
    a=32767;                     // 将十进制整数 32767 赋值给变量 a
    b=a+1;                       //a+1 后赋值给变量 b
    printf("a=%d",a);            // 以十进制形式输出带符号整型变量 a
    printf("b=%d\n",b);          // 以十进制形式输出带符号整型变量 b
    return 0;
}
```

程序运行结果为：

a=32767，b=–32768

案例中，VC++ 6.0 编译器为 short int 类型数据分配了 2 个字节，有符号短整型类型

变量 a 和 b 的取值范围是 –32768~32767，所以当 a 取值 32767，再加 1 时，就会出现“溢出”的情况，其结果 b 发生了反转，变成了 –32768。a 和 b 的二进制表示如下：

a：0111 1111 1111 1111（共 16 位）

b：1000 0000 0000 0000（共 16 位） // 最高位 1 代表了符号位，表示负数

值得注意的是，C 语言编译时不检查溢出，因此读者在程序设计时要注意避免数据溢出。

3.3 实型数据

3.3.1 实型常量（浮点数）

实型常量有两种表示形式：十进制小数表示形式和指数表示形式。

（1）十进制小数表示形式：由整数、小数点和小数 3 部分组成，而且必须有小数点。如 0.123、0.23、45.0、3.67、0.0 等。

（2）指数形式：由尾数、E 或 e 和指数 3 部分组成。如 1.23e3 表示 1.23×10^3，即 1230.0。用指数形式表示实型常量时要注意如下事项。

- 尾数和指数都不能省略，即 e 或 E 的前后必须有数字。
- e 或 E 后面的指数必须为整数。例如，2.34e4.5 是错误的表示形式。
- 小数点的前面有且只有一位非 0 的数字，称为规范化的指数形式。如 5.67e3。
- 一个实数在用指数形式输出时，是按规范化的指数形式输出的。例如，将 5689.65 指定按指数形式输出时，会输出 5.68965e+003 或 5.68965e+03。

（3）实型常量占 8 个字节（64 位），按双精度方式处理。

（4）如果在实数的后面加字母“f”或“F”，则系统会按单精度处理。如 1.65f。

3.3.2 实型变量

实型变量根据数值的范围可分为单精度（float）、双精度（double）和长双精度（long double）3 种类型。3 种实型变量对比见表 3.4。

表3.4 实型数据

类型说明符	位数（字节数）	有效数字	数的范围
float	32（4）	6~7	10^{-37}~10^{38}
double	64（8）	15~16	10^{-307}~10^{308}
long double	128（16）	18~19	10^{-4931}~10^{4932}

实型变量定义的一般形式如下：

类型说明符 变量名 1[, 变量名 2,…];

例如：

```
float x, y;                 // 定义单精度型变量 x、y
double a, b, c;             // 定义双精度型变量 a、b、c
long double d;              // 定义长双精度型变量 d
```

3.3.3　实型数据的使用

【案例 3.3】float 型数据的有效位。

```
#include <stdio.h>
void main()
{  float x=0.1234567890;
   printf("%20.18f\n",x);   // 以小数形式输出单精度实数
}
```

程序运行结果为：

0.123456791043281560

C 语言默认输出 float 型数据的时候只保留 6 位小数，不足 6 位则以 0 补齐，如果超过 6 位，则按四舍五入截断。如果想输出大于 6 位的小数，则要在格式控制字符串符 %f 中间加上表示精度的字符，如【案例 3.3】中的 %20.18f，表示输出小数点后有效数位 18 位，输出宽度为 20 位。在 6 位有效数字范围之外输出的数都是不稳定的（可能是 0~9 中任何一个数）。【案例 3.3】输出结果为 0.123456791043281560，与 x=0.1234567890 数值相比，前 6 个有效数位值一致，6 位以外的值则有出入。

【案例 3.4】double 型数据的有效位。

```
#include <stdio.h>
void main()
{  double y=0.12345678901234567890;
   printf("%20.18f\n",y);           // 以小数形式输出双精度实数
}
```

运行结果为：

0.123456789012345680

C 语言中 printf 的 %f 说明符既可以输出 float 型数据，又可以输出 double 型数据。默认输出 double 型数据的时候只保留 15 位小数，不足 15 位则以 0 补齐，如果超过 15 位，则按四舍五入截断。如果想输出大于 15 位的小数，则以格式字符串符 %.nf 表示。当输出小数点后有效数位大于 15 位时，15 位有效数字范围之外输出的数也是不稳定的。

【思考】如何判断两个浮点数是否相等呢？

例如：

float f=3.0;

实际上在计算机中，浮点数 f 几乎不可能等于 3.0，如果程序中需要判断两个浮点数是否相等，比如判断 f 是否等于 3.0，应该如何表示呢？公式如下：

$$| f - 3.0 | < e$$

e 是一个很小的实数，根据实际的精度来取，比如取 10^{-5}。

【案例 3.5】实型数据的输出形式。

```
#include <stdio.h>
void main()
{   float a = 0.302; float b = 128.101;         double c = 123;
    float d = 112.64E3;       double e = 0.7623e-2;   float f = 1.23002398;
    printf(" a=%f b=%f c=%f \n", a, b, c);
    printf(" a=%e b=%e c=%e \n", a, b, c);
    printf(" d=%e e=%e f=%e\n", d, e, f);
    printf(" d=%f e=%f f=%f\n", d, e, f);
    return 0;
}
```

程序运行结果为：

a=0.302000 b=128.100998 c=123.000000

a=3.020000e-001 b=1.281010e+002 c=1.230000e+002

d=1.126400e+005 e=7.623000e-003 f=1.230024e+000

d=112640.000000 e=0.007623 f=1.230024

用 printf 函数输出实型数据时，可以输出十进制形式，也可以输出指数形式，对应的格式控制符分别如下。

- %f ——以十进制形式输出 float/double 类型。
- %e ——以指数形式输出 float/double 类型，输出结果中的 e 小写。
- %E ——以指数形式输出 float/double 类型，输出结果中的 E 大写。

【思考】分析下面程序运行结果，并分析回答以下问题。

（1）用格式字符串 %f、%e 和 %E 输出浮点型数据时有何特点？

（2）一般形式的数据在输出时与其字面量相比有何不同？

（3）指数形式的数据在输出时与其字面量相比有何不同？

```
#include <stdio.h>
void main()
{   float x,y,z;      x=123.234;y=0.000345;z=-98.567;
```

```
    printf("x=%.4f, x=%.2f, x=%+e\n",x,x,x);      /* 用 %.nf、%+e 格式输出 */
    printf("y=%f, y=%8.4f, y=%10.3e\n",y,y,y);   /* 用 %f、%m.nf 、%m.ne 格式输出 */
    printf("z=%+f, z=%+e, z=%+g\n",z,z,z);       /* 注意 g 格式的使用 */
}
```

3.4　字符型数据

3.4.1　字符常量

字符常量是一对单引号括起来的一个字符，字符常量有如下两种。

第一种是普通字符，即用单撇号括起来的一个字符，如 'b'、'y'、'?'。字符常量是以 ASCII 代码形式储存在计算机的储存单元中的，每个字符常量占 1 个字节。例如，字符 'a' 的 ASCII 码值为 97，字符 'A' 的 ASCII 码值为 65，字符 '0' 的 ASCII 码值为 48。

常用的 ASCII 字符集中包括所有大小写英文字母、数字、各种标点符号等字符，以及一些控制字符，一共 128 个。扩展的 ASCII 字符集包括 256 个字符。字符集中的所有字符都是字符类型的值。在执行程序时，其中的字符就使用对应的编码表示，一个字符通常占用 1 个字节。实际上，ASCII 码的有效取值为 0~127，所以也可以把字符常量看作整型量。C 语言允许对整型变量赋以字符值，也允许对字符变量赋以整型值。

第二种是转义字符，即特殊字符常量。转义字符是 C 语言中表示字符的一种特殊形式，其含义是将反斜杠后面的字符转换成另外的意义。常用的转义字符如表 3.5 所示。

表3.5　常用的转义字符的含义

转义字符	意义	ASCII 码值（十进制）
\a	响铃（BEL）	007
\b	退格（BS），将当前位置移到前一列	008
\n	换行（LF），将当前位置移到下一行开头	010
\r	回车（CR），将当前位置移到本行开头	013
\t	水平制表（HT），跳到下一个 TAB 位置	009
\v	垂直制表（VT）	011
\\	代表一个反斜线字符 '\'	092
\'	代表一个单引号（撇号）字符	039
\"	代表一个双引号字符	034

续 表

转义字符	意义	ASCII 码值（十进制）
\?	代表一个问号	063
\0	空字符（NULL）	000
\ddd	三位八进制数所代表的任意字符	三位八进制
\xhh	二位十六进制数所代表的任意字符	二位十六进制

使用字符常量需要注意以下几点。

（1）字符常量只能用单撇号括起来，不能使用单引号或其他括号。

（2）字符常量中只能包括一个字符，不能是字符串。

（3）字符常量是区分大小写的。

（4）单撇号只是界限符，不属于字符常量中的一部分，字符常量只能是一个字符，不包括单撇号。

（5）单撇号里面可以是数字、字母等 C 语言字符集中除“'”和“\”以外所有可现实的单个字符，但是数字被定义为字符之后则不能参与数值运算。

3.4.2 字符串常量

C 程序里，字符串是用双引号括起的一串字符，如 "program""China" 等。一般在 C 程序中出现的字符串主要用于输入和输出。例如，在【案例 1.1】中，C 程序里有这样一行：

printf("Hello world!\n");　　　　　　　　// 圆括号里就是一个字符串

字符串中也可以出现转义字符，例如，printf("I\'m a student."); 实际打印输出“I’m a student.”。

字符串常量中不能直接包括单引号、双引号和反斜杠 "\"，若要使用，则参照转义字符中介绍的方式使用。

【注意】

（1）字符和字符串是不同的，字符是单引号括起来的单个字符，如 'a'；

（2）字符串是一对双引号括起来的一串字符，如 "a"。

（3）每个字符串的结尾加一个字符串结束标志（'\0'），系统根据此标志判断字符串是否结束。'\0' 是一个 ASCII 为 0 的字符，是空操作符，由系统自动加到字符串的结尾，不是人工操作。例如，"china" 在实际内存中存储如下：

c	h	i	n	a	\0

（4）字符串常量所占的字节数是它的字符个数加 1。而字符串的长度是从第一个字符开始到第一个 '\0' 之间的字符个数。例如，"qwert\0gs" 的字节数是 9，而长度为 5。

（5）可以把一个字符常量赋予一个字符变量，但不能把一个字符串常量赋予一个字符变量。C 语言中没有专门的字符串变量。字符串如果需要存放在变量中，则需要使用字符型数组来存放。字符型数组的相关内容将在后续章节介绍。

3.4.3　字符型变量

字符变量用来存储字符常量，即单个字符。

字符变量的类型说明符是 char。字符变量类型定义的格式和书写规则都与整型变量相同。字符型定义的一般形式如下：

char 变量名 1[, 变量名 2,…];

例如：

```
char c1, c2;                    // 定义字符型变量 c1 和 c2
```

3.4.4　字符型数据的使用

【案例 3.6】字符型数据和整型数据具有通用性。

```
#include <stdio.h>
void main()
{   int a,b; char c1,c2;              // 定义整型变量 a、b，字符型变量 c1、c2
    a=65;   b='b';                    // 分别将整型常量和字符常量赋予整型变量
    c1='A';  c2=66;                   // 分别将字符常量和整型常量赋予字符型变量
    c1=c1+32;                         // 字符型变量 c1 做加法运算
    printf("%d %d %c %c",a,b,c1,c2);       // 以整型格式和字符型格式输出变量
}
```

程序运行结果为：

65 98 a B

字符型数据可当作整型数据运算，相当于对其 ASCII 码运算，如本例中的 c1=c1+32;等同于字符 'A' 的 ASCII 码值 65+32=97，由于大小写字母的 ASCII 码相差 32，因此运算结果 97 也就是字符为 'a' 的 ASCII 码值。在 ASCII 码范围内的整数也可当作字符数据。本程序中定义 a、b 为整型，c1、c2 为字符型，但在赋值语句中分别用整型值和字符型值赋值。从结果看，a、b、c1、c2 值的输出形式取决于 printf 函数格式串中的格式符，当格式符为 "c" 时，对应输出的变量值为字符，当格式符为 "d" 时，对应输出的变量值为整数。

【思考】分析以下程序，当将超过 ASCII 码范围的整数赋值给字符型变量时，程序执行结果是什么？

```
#include <stdio.h>
void main()
{   int a,b; a=321; b=65;
    printf("%c %c",a,b);     }
```

【案例 3.7】转义字符的使用。

```
#include <stdio.h>
void main()
{   int a,b,c;          a=5; b=6; c=7;
    printf(" ab c\tde\rf, ");
    printf("hijk\tL\bM\n");   }
```

程序的运行结果为：

f ab c de，hijk   M

从上面程序运行结果可以看到，两个 printf 语句中有 4 种位置输出转义字符，分别是 '\t'、'\r'、'\n' 和 '\b'。结合表 3.5，'\r' 表示将当前位置移到该行开头，随后字符 f 输出在第一行输出结果行首；'\n' 表示换行（LF）；'\t' 表示水平制表，因此下一个字符跳到下一个 TAB 位置输出；'\b' 表示退格，因此字符 'L' 未见输出。

【思考】分析下面程序运行结果，若将该例中第一个 printf 函数语句写成 printf("\n %c \n","a");，则结果如何？

```
#include <stdio.h>
void main()
{   printf("\n %c",'a');     /* 输出单个字符 */
    printf("\n %s","abc");   /* 输出一个字符串 */
    printf("\n ");                          }
```

要注意的是，字符与字符串的表示是不同的：单个字符用单撇号括起来，而字符串要用双撇号括起来，若单个字符用双撇号括起来，则表示是字符串。

3.5　符号常量和常变量

3.5.1　符号常量

在 C 语言中，可以用一个标识符来表示一个常量，称之为符号常量。符号常量在使用之前必须先定义，其一般形式为：

#define 标识符 常量。

其中，#define 也是一条预处理命令（以“#”开头），称为宏定义，其功能是把该标识符定义为其后的常量值。一经定义，以后在程序中所有出现该标识符的地方均代之以该常量值。

习惯上符号常量的标识符用大写字母，变量的标识符用小写字母，以示区别。

【案例 3.8】符号常量的使用。

```
#define  PRICE  30 // 文件中从此行开始所有的 PRICE 都代表 30
void main()
{   int num,total;   num=10;  total=num* PRICE;
    printf("total=%d\n", total);    }
```

程序执行结果为：

total=300

【注意】

（1）符号常量与变量不同，它的值在其作用域内不能改变，也不能再被赋值。

（2）使用符号常量的好处是能够做到含义清楚、"一改全改"。

【思考】以下程序的输出结果是什么呢？

```
#define  PRICE  30+10
include <stdio.h>
void main ()
{   int num, total; num=10; total=num*PRICE;
    printf("total=%d\n",total);
```

3.5.2　常变量

C 语言允许使用常变量，方法是在定义变量时，前面加一个关键字 const，例如，const int a=3; 表示定义 a 为一个整型变量，值为 3，且在变量存在期间其值不能改变。

常变量与常量的异同：常变量具有变量的基本属性，即有类型，且占存储单元，只是不允许改变其值。可以说，常变量是有名字的不变量，而常量是没有名字的不变量。有名字就便于在程序中被引用。

那么，常变量与符号常量有什么不同？举例如下：

```
# define  Pi  3.1415926                    // 定义符号常量
const  float  pi=3.1415926                 // 定义常变量
```

符号常量 Pi 和常变量 pi 都代表 3.1415925，在程序中都能使用。但二者性质不同：定义符号常量用 #define 指令，它是预编译指令，只是用符号常量代表一个字符串，在预编译时仅进行字符替换，在预编译后符号常量就不存在了，全置换成 3.1415926 了，对符号常量的名字是不分配存储单元的。而常变量要占用存储单元，有变量值，只是该值不改变而已。从使用的角度看，常变量具有符号常量的优点，而且使用更方便，因此在编译代码时推荐使用常变量。

3.6 变量

3.6.1 变量的定义

在程序运行过程中，其值可以被改变的量称为变量。变量有 3 个特性，即变量名、变量值和变量的地址，分别表示某存储空间、相应存储空间中的数据以及相应存储空间的首地址。变量定义的一般格式为：

类型说明符 变量 1 [, 变量 2,…, 变量 n];

例如：

```
int a, b;  float x, y;  double m, n;   char c1,c2;
```

变量定义时要注意以下几点。

（1）变量应先定义后使用。

（2）一个变量不能重复定义。

（3）变量取名遵循通用习惯或“见名知义”的原则。

（4）变量名中一般用小写字母。

3.6.2 变量的赋值

在程序中常常需要对变量赋初值，以便使用变量。语言程序中对变量赋初值有多种方法。在定义变量时赋以初值的方法称为初始化，其一般形式为：

类型说明符 变量 1= 值 1, 变量 2= 值 2,…;

赋值语句中的“ = ”叫作赋值号，作用是先计算出赋值号右边表达式的值，然后把这个值赋给赋值号左边的变量，使该变量的值等于表达式的值。

例如：

```
a=100;   x=3.5;      i=i+1;
```

C 语言允许在定义变量的同时给变量赋初值，也可以将变量的定义和赋值分开。例如：

```
int a;  float f;  char c;   a=3;  f=3.56;   c='a' ;          // 先定义变量，再赋初值
```

或者

```
int a=3;  float f=3.56;   char c='a' ;           // 定义和赋值同时进行
```

也可以对几个变量同时赋一个初值，例如：

```
int  a=10, b=10, c=10;       // 定义变量的同时对 a、b、c 三个变量都赋初值为 10
```

但是，在定义变量的同时对变量初始化，变量不能连续赋初值。例如：

```
int a=b=c=3;   // 此句为非法赋值
```

3.6.3　变量类型的转换

在给变量赋值时，必须保证赋值符号右边的常量和赋值符号左边的变量类型一致，变量类型不一致将引起某些程序错误。把一种数据类型的值赋给另一种数据类型的变量时，需要进行数据类型转换。根据转换方式的不同，数据类型转换可分为两种：自动类型转换和强制类型转换。

1. 自动类型转换

自动类型转换发生在不同数据类型的量混合运算时，由编译系统自动完成。自动类型转换遵循以下规则。

（1）若参与运算的量的类型不同，则先转换成同一类型，然后再进行运算。

（2）转换按数据长度增加的方向进行，以保证精度不降低。如 int 型和 long 型运算时，先把 int 型转换成 long 型后再进行运算。

（3）所有的浮点运算都是以双精度进行的，即使仅含 float 单精度量运算的表达式，也要先转换成 double 型，再做运算。

（4）char 型和 short 型参与运算时，必须先转换成 int 型。

（5）在赋值运算中，赋值号两边量的数据类型不同时，赋值号右边量的类型将转换为左边量的类型。如果右边量的数据类型长度比左边长，则将丢失一部分数据，这样会降低精度。

自动类型转换也叫隐式类型转换，指的是两种数据类型在转换的过程中不需要显式地进行声明。要实现自动类型转换，必须同时满足如下两个条件。

- 两种数据类型彼此兼容。
- 目标类型的取值范围大于源类型的取值范围。一般来说，数据类型自动转换是由低字节向高字节自动转换，具体如下：

低 char,short → int → unsigned → long → double ← float 高

当较低类型的数据转换为较高类型时，一般只是形式上有所改变，而不影响数据的实质内容，而较高类型的数据转换为较低类型时，则可能丢失一些数据。

2. 强制类型转换

强制类型转换是通过强制类型转换运算符来实现的。其一般形式为：

(类型说明符) (表达式)

其功能是把表达式的运算结果强制转换成类型说明符所表示的类型。

例如：

```
( float ) a            // 把 a 转换为实型
( int )( x+y )         // 把 x+y 的结果转换为整型
```

在使用强制转换时应注意以下问题。

（1）类型说明符和表达式都必须加括号（单个变量可以不加括号），如把 (int)(x+y) 写成 (int)x+y，则成了把 x 转换成 int 型之后再与 y 相加。

（2）无论是强制转换或是自动转换，都只是为了本次运算的需要而对变量的数据长度进行的临时性转换，而不改变数据说明时对该变量定义的类型。

（3）当被转换的表达式是一个简单表达式时，外面的一对圆括号可以缺省。

（4）强制类型转换得到的是一个所需类型的中间量，原表达式类型并不发生变化。例如，(double)a 只是将变量 a 的值转换成一个 double 型的中间量，但 a 的数据类型并未转换成 double 型。

强制类型转换也叫显式类型转换，指的是两种数据类型之间的转换需要显式地进行声明。当两种类型彼此不兼容，或者目标类型取值范围小于源类型时，自动类型转换无法进行，这时就需要进行强制类型转换。具体的转换如下。

1）浮点型与整型

将浮点数（单、双精度）转换为整数时，将舍弃浮点数的小数部分，只保留整数部分。

将整型值赋给浮点型变量时，数值不变，只是将形式改为浮点形式，即小数点后带若干个 0。注意：赋值时的类型转换实际上是强制性的。

2）单、双精度浮点型

由于 C 语言中的浮点值总是用双精度表示的，所以 float 型数据只是在尾部加 0 延长为 doub1e 型数据参与运算，然后直接赋值。doub1e 型数据转换为 float 型时，通过截断尾数来实现，截断前要进行四舍五入操作。

3）char 型与 int 型

int 型数值赋给 char 型变量时，只保留其最低 8 位，高位部分舍弃。

char 型数值赋给 int 型变量时，一些编译程序不管其值大小都作为正数处理，而另一些编译程序在转换时，若 char 型数据值大于 127，就作为负数处理。对于使用者来讲，如果原来 char 型数据取正值，转换后仍为正值；如果原来 char 型值可正可负，则转换后也仍然保持原值，只是数据的内部表示形式有所不同。

4）int 型与 1ong 型

long 型数据赋给 int 型变量时，将低 32 位值赋给 int 型变量，而将高 32 位截断舍弃。

将 int 型数据赋给 long 型变量时，其外部值保持不变，而内部形式有所改变。

5）无符号整数

将一个 unsigned 型数据赋给一个占据同样长度存储单元的整型变量时（如 unsigned → int、unsigned long → long、unsigned short → short），原值保留不变，内部的存储方式不变，但外部值却可能改变。

计算机中数据用补码表示，int 型量最高位是符号位，为 1 时表示负值，为 0 时表示正值。如果一个无符号数的值小于 32768，则最高位为 0，赋给 int 型变量后得到正值。如果一个无符号数大于等于 32768，则最高位为 1，赋给整型变量后就得到一个负整数值。反之，当一个负整数赋给 unsigned 型变量时，得到的无符号值是一个大于等于 32768 的值。

C 语言这种赋值时的类型转换形式可能会使人感到不精密和不严格，因为不管表达式的值怎样，系统都会自动将其转换为赋值运算符左部变量的类型。

【案例 3.9】数据类型的转换实例。

```
#include<stdio.h>
void main()
{   float f=5.75;
    printf("(int)f=%d, f=%f\n",(int)f,f);
}
```

程序运行结果为：

(int)f=5, f=5.750000

3.7　C 语言的基本运算

C 语言的运算符不仅具有不同的优先级，而且还有一个特点，就是它的结合性。在表达式中，各运算符参与运算的先后顺序不仅要遵守运算符优先级别的规定，还要受运算符结合性的制约，以便确定是自左向右进行运算还是自右向左进行运算。这种结合性是其他高级语言的运算符所没有的，因此也增加了 C 语言的复杂性。

C 语言一共有 44 个运算符，包括了常见的加减乘除运算，详见表 3.6。

表3.6　C语言的基本运算符

优先级	运算符	名称或含义	使用形式	结合方向	说明
1	[ ]	数组下标	数组名 [常量表达式]	左到右	
	()	圆括号	(表达式)/ 函数名 (形参表)		
	.	成员选择 (对象)	对象 . 成员名		
	->	成员选择 (指针)	对象指针 -> 成员名		

续 表

<table>
<tr><th>优先级</th><th>运算符</th><th>名称或含义</th><th>使用形式</th><th>结合方向</th><th>说明</th></tr>
<tr><td rowspan="9">2</td><td>–</td><td>负号运算符</td><td>– 表达式</td><td rowspan="9">右到左</td><td>单目运算</td></tr>
<tr><td>(类型)</td><td>强制类型转换</td><td>(数据类型)表达式</td><td></td></tr>
<tr><td>++</td><td>自增运算符</td><td>++ 变量名 / 变量名 ++</td><td>单目运算</td></tr>
<tr><td>--</td><td>自减运算符</td><td>-- 变量名 / 变量名 --</td><td>单目运算</td></tr>
<tr><td>*</td><td>取值运算符</td><td>* 指针变量</td><td>单目运算</td></tr>
<tr><td>&</td><td>取地址运算符</td><td>& 变量名</td><td>单目运算</td></tr>
<tr><td>!</td><td>逻辑非运算符</td><td>! 表达式</td><td>单目运算</td></tr>
<tr><td>~</td><td>按位取反运算符</td><td>~ 表达式</td><td>单目运算</td></tr>
<tr><td>sizeof</td><td>长度运算符</td><td>sizeof(表达式)</td><td></td></tr>
<tr><td rowspan="3">3</td><td>/</td><td>除</td><td>表达式 / 表达式</td><td rowspan="3">左到右</td><td>双目运算</td></tr>
<tr><td>*</td><td>乘</td><td>表达式 * 表达式</td><td>双目运算</td></tr>
<tr><td>%</td><td>余数（取模）</td><td>整型表达式 % 整型表达式</td><td>双目运算</td></tr>
<tr><td rowspan="2">4</td><td>+</td><td>加</td><td>表达式 + 表达式</td><td rowspan="2">左到右</td><td>双目运算</td></tr>
<tr><td>–</td><td>减</td><td>表达式 – 表达式</td><td>双目运算</td></tr>
<tr><td rowspan="2">5</td><td><<</td><td>左移</td><td>变量 << 表达式</td><td rowspan="2">左到右</td><td>双目运算</td></tr>
<tr><td>>></td><td>右移</td><td>变量 >> 表达式</td><td>双目运算</td></tr>
<tr><td rowspan="4">6</td><td>></td><td>大于</td><td>表达式 > 表达式</td><td rowspan="4">左到右</td><td>双目运算</td></tr>
<tr><td>>=</td><td>大于等于</td><td>表达式 >= 表达式</td><td>双目运算</td></tr>
<tr><td><</td><td>小于</td><td>表达式 < 表达式</td><td>双目运算</td></tr>
<tr><td><=</td><td>小于等于</td><td>表达式 <= 表达式</td><td>双目运算</td></tr>
<tr><td rowspan="2">7</td><td>==</td><td>等于</td><td>表达式 == 表达式</td><td rowspan="2">左到右</td><td>双目运算</td></tr>
<tr><td>!=</td><td>不等于</td><td>表达式 != 表达式</td><td>双目运算</td></tr>
<tr><td>8</td><td>&</td><td>按位与</td><td>表达式 & 表达式</td><td>左到右</td><td>双目运算</td></tr>
<tr><td>9</td><td>^</td><td>按位异或</td><td>表达式 ^ 表达式</td><td>左到右</td><td>双目运算</td></tr>
<tr><td>10</td><td>|</td><td>按位或</td><td>表达式 | 表达式</td><td>左到右</td><td>双目运算</td></tr>
<tr><td>11</td><td>&&</td><td>逻辑与</td><td>表达式 && 表达式</td><td>左到右</td><td>双目运算</td></tr>
<tr><td>12</td><td>||</td><td>逻辑或</td><td>表达式 || 表达式</td><td>左到右</td><td>双目运算</td></tr>
</table>

续　表

优先级	运算符	名称或含义	使用形式	结合方向	说明
13	?:	条件运算符	表达式 1? 表达式 2: 表达式 3	右到左	三目运算
14	=	赋值运算符	变量 = 表达式	右到左	
	/=	除后赋值	变量 /= 表达式		
	*=	乘后赋值	变量 *= 表达式		
	%=	取模后赋值	变量 %= 表达式		
	+=	加后赋值	变量 += 表达式		
	-=	减后赋值	变量 -= 表达式		
	<<=	左移后赋值	变量 <<= 表达式		
	>>=	右移后赋值	变量 >>= 表达式		
	&=	按位与后赋值	变量 &= 表达式		
	^=	按位异或后赋值	变量 ^= 表达式		
	|=	按位或后赋值	变量 |= 表达式		
15	,	逗号运算符	表达式 , 表达式 ,…	左到右	顺序求值

【说明】

（1）C 语言中，运算符的运算优先级共分为 15 级。1 级最高，15 级最低。

（2）在表达式中，优先级别较高的先于级别较低的进行运算。

（3）运算符优先级相同时，根据运算符的结合性方向处理。

（4）C 语言中各运算符的结合性分为两种，即左结合性（自左至右）和右结合性（自右至左）。例如，算术运算符的结合性是自左至右，即先左后右。如有表达式 x-y+z，则 y 应先与 - 号结合，执行 x-y 运算，然后再执行 +z 的运算。这种自左至右的结合方向就称为“左结合性”。而自右至左的结合方向称为“右结合性”。

（5）最典型的右结合性运算符是赋值运算符。如 x=y=z，由于“=”的右结合性，应先执行 y=z 后再执行 x=(y=z) 运算。C 语言中有不少运算符为右结合性，应注意区别，以避免理解错误。

（6）所有的优先级中，只有 3 种运算符的优先级是从右至左结合的，它们是单目运算符、条件运算符、赋值运算符。其他的都是从左至右结合。

3.7.1　算术运算符

C 语言中算术运算符有 7 个，包括加法运算符（+）、减法运算符（-）、乘法运算法符（*）、除法运算符（/）、取余运算符（%）、自增运算符（++）和自减运算符（--）。

加法运算符“+”：加法运算符为双目运算符，即应有两个量参与加法运算，如 a+b、4+8 等；具有右结合性。加法运算符除了可以进行加法运算，还可以表示正号，如 +521，表示正数 521。

减法运算符“–”：减法运算符为双目运算符 a–b、8–4 等；具有左结合性。减法运算符除了可以进行减法运算，还可以表示负号，如 –741，表示负数 –741。

乘法运算符“*”：双目运算，具有左结合性。

除法运算符“/”：双目运算，具有左结合性。参与运算的量均为整型时，结果也为整型，舍去小数。如果运算量中有一个是实型，则结果为双精度实型。如 1/2 的值是 0，而 1/2.0 的运算结果为 0.5。

【案例 3.10】除法运算的应用。

```
#include <stdio.h>
void main()
{   printf(" %d, %d\, ",20/7, –20/7);
    printf(" %f, %f\n ",20.0/7, –20.0/7);
}
```

程序运算结果为：

2, –2, 2.857143, –2.857143

本例中，20/7 和 –20/7 的结果均为整型，小数全部舍去（向 0 取整）。而 20.0/7 和 –20.0/7 由于有实数参与运算，因此结果也为实型。

1. 取余运算符 %

取余运算符（%）是双目运算符，具有左结合性。要求参与运算的量均为整型。 求余运算的结果等于两数相除后的余数。例如，5%3 的结果为 2，而 5%3.0 则是不合法的。

【案例 3.11】求任意三位数各位数字的和（求余运算的运用）。

例如，三位数为 356，则求的是 3+5+6 的值，那么最关键的就是如何从三位整数中分别求出其百位数、十位数和个位数。假定三位数是 x，那么三位数各位数字如下。

• 百位数可以通过 x 除以 100 求商获得，数据类型为整型。

• 个位数可以通过 x 除以 10 取余数获得，数据类型为整型。

• 十位数可以通过 x 先除以 10 获得前两位数，之后再对 10 取余获得；也可以通过 x 先对 10 取余数，获得后两位，之后除以 10 求商获得，数据类型依然为整型。

3 个位数的计算顺序没有影响，可以先后顺序计算，因此程序结构为顺序结构，程序代码如下：

```
#include <stdio.h>
void main ()
{   int x,d0,d1,d2;  x=365;
    d0=x/1%10;     d1=x/10%10;  d2=x/100%10;
```

```
    printf("sum=%d\n",d0+d1+d2);
}
```

程序运算结果为：

sum=14

【思考】

（1）如何表达 i 是 j 的整数倍？

（2）已知今天是星期五，*n* 天后是星期几？程序可以怎样设计呢？

2. 自增自减运算

C 语言中，增 1 运算也可以写为 ++ 运算；减 1 运算也可以写为 -- 运算。++ 和 -- 运算是 C 语言中两个较为独特的单目运算符。它们既可以放在操作数前，也可以放在操作数后，并且操作对象只能是变量，不能是常量或表达式。自增自减运算符的作用是将操作对象的值增加 1 或减去 1。虽然自增自减运算符既可用于前缀运算，也可用于后缀运算，但其意义不同。区别如下。

（1）自增、自减运算符作前缀时是先运算、后引用。

（2）自增、自减运算符作后缀时是先引用、后运算。

例如：

```
i++, i--     /* 表示在使用 i 值之后将 i 的值加（减）1 */
++i, --i     /* 表示在使用 i 值之前将 i 的值加（减）1 */
```

例如：设 i 的原值为 5，则执行下面的赋值语句：

```
j=i++;  /* 先将 i 的值赋给 j，i 再自增 1，赋值语句执行完后 i 的值为 6，j 的值为 5 */
j=++i;  /* 先将 i 的值自增 1，再赋给 j，赋值语句执行完后 i 的值为 6，j 的值为 6 */
```

【案例 3.12】自增自减运算符前缀、后缀的区别。

```
void main()
{  int i=8;
   printf(" %d,",++i); // 先执行 i=i+1，再打印 i 的值，输出 9，执行后 i=9
   printf(" %d,",i++); // 先打印 i 的值，再执行 i=i+1，输出 9，执行后 i=10
   printf(" %d",-i++);      // 先打印 -i 的值，再执行 i=i+1，输出 -10，执行后 i=11
}
```

程序运算结果为：

9, 9, -10

自增自减运算符的优先级较高，和单目运算符相同，如负号运算符。其结合方向是"自右向左"（右结合性）。自增自减运算符常用于循环语句中，使循环变量自动加 1 或减 1，也可用于指针变量，使指针指向上一个或下一个地址。

3.7.2 关系运算

关系运算实际上就是比较运算。比较两个量的运算符就称为关系运算符。C 语言提供了 6 种关系运算符，即小于（<）、小于或等于（<=）、大于（>）、大于或等于（>=）、等于（= =）和不等于（!=）。

关系运算符都是双目运算符，要求两个操作数是同一种数据类型，其结果为逻辑值。即关系成立时，其值为真，按 C 语言的习惯，用非 0 值（一般用 1）表示；关系不成立时，其值为假，用 0 表示。

1. 优先级

关系运算符的优先级低于算术运算符，关系运算符中 > 、>= 、< 、<= 的优先级相同；= = 和 != 的优先级低于前 4 种。例如：

2+3 == a−b　　// 等价于（2+3）==（a−b）

2. 结合性

关系运算符的结合性均为左结合。有多个关系运算同时进行时，先按优先级次序运算，优先级相同时从左向右计算。

3. 关系表达式

关系表达式是用关系运算符将两个表达式（可以是算术表达式、关系表达式、逻辑表达式、赋值表达式、字符表达式等）连接起来的式子。例如：

3+2 == 2*3　　/* 表示判断 3+2 的结果和 2*3 的结果是否相等 */

关系表达式的一般形式为：

表达式 关系运算符 表达式

例如：a>b、x>2+3、'a'+1< c、2+3==a+b 都是合法的关系表达式。表达式也可以是关系表达式，因此允许出现嵌套的情况，例如：a>(b>c)、a== (b == c)。关系表达式的结果为“真”和“假”，用“1”和“0”表示。例如：

a>b　　　// 若 a 的值为 3，b 的值为 1，表达式的值为“真”，即为 1（或非 0 值）

(a=3)>(b=5)　// 若 a 的值为 3，b 的值为 5，表达式的值为“假”，即为 0

【案例 3.13】关系运算符的应用。

```
#include <stdio.h>
void main()
{  char c='k';   int i=1, j=2, k=3;   float x=3e+5, y=0.85;
   int result_1 = 'a'+5<c, result_2 = x-5.25<=x+y;
   printf( " %d, %d\t", result_1, -i-2*j>=k+1 );
   printf( " %d, %d\t", 1<j<5, result_2 );
   printf( " %d, %d\n", i+j+k==-2*j, k==j==i+5 );
}
```

程序运行结果为：

1, 0　1, 1　0, 0

3.7.3　逻辑运算

C 语言提供了 3 种逻辑运算符，分别是与运算（&&）、或运算（||）和非运算（!）。其中，与运算符“&&”和或运算符“||”均为双目运算符，非运算符“!”为单目运算符。例如：

a&&b　　　// 当 a 和 b 都为真时，结果为真

a||b　　　// 当 a 和 b 都为假时，结果为假

!a　　　　// 当 a 为真时，结果为假；当 a 为假时，结果为真

1. 优先级

逻辑运算符中，非运算符“！”和单目的算术运算符同级，高于双目的算术运算符，优先于关系运算符，优先于逻辑运算中的与运算符“&&”和 / 或运算符“||”。例如：

a>b || c>d　　　　// 等价于 (a>b) | | (c>d)

!a= =b&& c>d　　　// 等价于 ((!a) = =b)&&(c>d)

2. 结合性

非运算符“！”的结合性为右结合；与运算符“&&”和 / 或运算符“||”的结合性为左结合。

3. 逻辑表达式

逻辑表达式类似于关系表达式，是用逻辑运算符把两个表达式连接起来的式子。例如：

a+b && a　/* 表示判断 a+b 和 a 的值是否为真，若都为真，则表达式为真 */。

逻辑表达式的一般形式为：

表达式 逻辑运算符 表达式

其中的表达式可以是逻辑表达式，从而组成了嵌套的情形。

例如：

(a||b) && c　// 根据逻辑运算符的左结合性，也可写为 a||b&&c

逻辑表达式的值是式中各个逻辑运算的最后值，以“1”和“0”分别代表“真”和“假”。

4. 逻辑运算符的短路现象

由于 && 和 || 运算的左结合性及运算特点，若 && 运算符左边的表达式为假（或 0），则其右边的表达式将不再运算，整个表达式的值必然为假；同理，若 || 运算符左边的表达式为真（或非 0 值），则其右边的表达式将不再运算，整个表达式的值必然为真。例如，表达式 a&&b=b−1，当 a=0 时，表达式的运算结果为 0，&& 运算符右边的式子将不再运算，

b 的值不变。同理，表达式 a||b=b-1，当 a=1 时，表达式的运算结果为 1，|| 运算符右边的式子将不再运算，b 的值不变。

【案例 3.14】逻辑运算符的应用。

```
#include <stdio.h>
void main()
{   int a=14,b=15,x;          char c='A';
    x=(a&&b)&&(c<'B');
    printf(" a=%d,b=%d,x=%d\n",a,b,x);
}
```

程序的运行结果为：

a=14,b=15, x=1

逻辑表达式中表达式 a&&b 的值为真，c<'B' 的值为真；逻辑运算符 && 两边均为真，根据逻辑运算真值表，整个表达式的值为真。

3.7.4　赋值运算

赋值运算符用于赋值运算，分为简单赋值（=）、复合算术赋值（+=、-=、*=、/=、%=）以及复合位运算赋值（&=、|=、^=、>>=、<<=）3 类共 11 种。赋值运算符的优先级别低于其他的运算符。

1. 简单赋值运算符和表达式

简单赋值运算符记为"="。由"="连接的式子称为赋值表达式。其一般形式为：

左值 = 表达式

它的作用是将一个表达式的值赋给一个左值。一个表达式或者是一个左值，或者是一个右值。左值是指一个能用于赋值运算左边的表达式。左值必须能够被修改，不能是常量。此处用变量作左值，以后还可以看到，指针和引用也可以作左值。例如：

x=a+b;w=sin(a)+sin(b);p=&a;

赋值表达式的功能是计算表达式的值后再赋予左边的变量。赋值运算符具有右结合性。因此 a=b=c=5 可理解为 a=(b=(c=5))。

C 语言中也可以组成赋值语句，按照 C 语言规定，任何表达式在其末尾加上分号就构成语句。例如，x=8; 和 a=b=c=5; 都是赋值语句。

2. 复合赋值运算

在赋值符"="之前加上其他双目运算符可构成复合赋值符。如 +=、-=、*=、/=、%=、<<=、>>=、&=、^=、|=。例如，a+=5 等价于 a=a+5，x*=y+7 等价于 x=x*(y+7)。

复合赋值符这种写法对于初学者来说可能不习惯，但十分有利于编译处理，能提高编译效率，并产生质量较高的目标代码。

3.7.5　条件运算

条件运算符是 C 语言中一个特殊的运算符，由“？”和“：”组合而成。条件运算符是三目运算符，要求有 3 个操作对象，并且这 3 个操作对象都是表达式。条件表达式中，表达式 1 通常为关系或逻辑表达式，表达式 2、表达式 3 的类型可以是数值表达式、赋值表达式、函数表达式或条件表达式。

例如：

```
max=(a>b)?a:b;
```

执行时，先计算（a>b）的值为真还是假，若为真，则表达式取值为 a；否则取值为 b。该语句也可以使用选择结构（后续章节）语句表示：

```
if (a>b)        max=a;
else            max=b;
```

1. 优先级

条件运算符的运算优先级低于关系运算符和算术运算符，高于赋值运算符。因此，表达式 max=(a>b)?a:b 可以去掉括号，写为 max=a>b?a:b，执行时意义是相同的。

2. 结合性

条件运算符的结合方向是自右至左。

例如：

```
a>b?a:c>d?c:d      // 等价于      a>b?a:(c>d?c:d)
```

3. 条件表达式

条件运算的一般形式为：

表达式 1? 表达式 2: 表达式 3

条件运算的求值规则：计算表达式 1 的值，若表达式 1 的值为真，则以表达式 2 的值作为整个条件表达式的值，否则以表达式 3 的值作为整个条件表达式的值。

【思考】如果 a=1,b=2,c=3,d=4，则条件表达式 a<b?a:c<d?c:d 的值为 ____。

3.7.6　其他运算

1. 逗号运算符和逗号表达式

在 C 语言中逗号“,”也是一种运算符，称为逗号运算符。其功能是把两个表达式连接起来组成一个表达式，称为逗号表达式。其一般形式为：

表达式 1, 表达式 2,…, 表达式 *n*

其求值过程是依次求解 *n* 个表达式的值，并以表达式 *n* 的值作为整个逗号表达式的值。对于逗号表达式，还要说明如下两点。

（1）逗号表达式一般形式中的表达式 1 和表达式 2 也可以是逗号表达式。例如，表达式 1,(表达式 2, 表达式 3) 形成了嵌套情形。

（2）程序中使用逗号表达式，通常是要分别求逗号表达式内各表达式的值，并不一定是要求整个逗号表达式的值。并不是在所有出现逗号的地方都组成逗号表达式，如在变量说明中，函数参数表中逗号只用作各变量之间的间隔符。

【思考】设先有定义：int y=3,x=3,z=1；，则语句 printf("%d %d\n",(++x,y++),z+2); 的输出结果为 ____。

3.8 格式化输入函数

C 语言标准库提供了两个控制台格式化函数，即输入函数 scanf() 和输出函数 printf()，这两个函数可以在标准输入输出设备上以各种不同的格式读写数据。

printf() 函数用来向标准输出设备（屏幕）写数据，scanf() 函数用来从标准输入设备（键盘）上读数据。scanf 函数的功能是从键盘上将数据按用户指定的格式输入并赋给指定的变量，其调用的一般形式为：

scanf（格式控制字符串 , 地址列表）;

其中格式控制字符串的定义与使用方法和 printf 函数相同，但不能显示非格式字符串，即不能显示提示字符串。地址列表是要赋值的各变量地址。地址是由地址运算符“&”后跟变量名组成，如 &x 表示变量 x 的地址。& 是取地址运算符，其作用是求变量的地址。

3.8.1 scanf 函数

scanf 函数的格式字符串与 printf 函数相似，以 % 开始，后面跟一个格式符，中间可以有若干个附加字符，格式字符串的一般形式为：

%[*][输入数据宽度 *m*][长度] 类型

【说明】

（1）[ ]：表示可选项。

（2）*：表示输入的数值不赋给相应的变量，即跳过该数据不读。

（3）[输入数据宽度 *m*]：*m* 是十进制正整数，表示按 *m* 的宽度输入数据。

（4）[长度]：长度格式符为 l 和 h，l 表示输入长整型数据或双精度实型数据；h 表示输入短整型数据。

（5）类型：其格式符的意义与 printf 函数基本相同，具体如表 3.7 所示。

表3.7　scanf函数常用类型格式符表

格式字符形式	格式字符含义
d	表示以十进制形式输入一个整数
o	表示以八进制形式输入一个整数
x	表示以十六进制形式输入一个整数
u	表示以十进制形式输入一个无符号的整数
f 或 e	表示输入一个实数，可以是小数形式或指数形式
g	与 f 或 e 的作用相同
c	表示输入一个字符
s	表示输入一个字符串

【案例 3.15】scanf 函数的使用。

```
#include <stdio.h>
void main()
{   int a,b;
    scanf("%d,%d",&a,&b);
    printf("a=%d,b=%d\n",a,b);     }
```

程序运行时输入 25,-34↙后，输出结果为：

a=25,b=-34

scanf 函数中格式字符串“%d,%d”表示按十进制整数形式输入数据。输入时，数据间必须用英文逗号（半角格式）分隔，用空格分隔、回车键、Tab（跳格）键或者中文逗号（半角格式）分隔都是不正确的。例如：

输入方式 1：25,-34↙　　　（正确输入格式）

输入方式 2：25 □ -34↙　　（错误输入格式，□代表空格）

输入方式 3：25，-34↙　　（错误输入格式，“，”是全角格式）

输入格式错误时，变量 b 的值不能正确地存入 b 内存的地址，最终不能获得正确的输出。

如果将 scanf 函数改写成 scanf("%d%d",&a,&b);，则输入时数据间不能用逗号“,”分隔，必须用一个或多个空格分隔，也可以用回车键、Tab 键。即下述几种输入方式均是合法的：

输入方式 1：25 □□ -34↙　　（数据间用空格作为分隔）

输入方式 2：25↙　　　　（数据间用回车键作为分隔）

-34↙

输入方式 3：25（按 Tab 键）-34↙（数据间用 Tab 键作为分隔）

如果将 scanf 函数改写成 scanf("a=%db=%d",&a,&b);，则输入时数据间必须原样输入 "a=" 和 "b=" 字符串，且用这个字符串作为多个数据分隔，其他直接用回车键、Tab 键等间隔都是错误的，例如：

输入方式 1：a=25b=–34↙　　（正确输入格式）

输入方式 2：25↙　　　　（错误输入格式）

–34↙

输入方式 3：a=25（按 Tab 键）b=–34↙（错误输入格式）

【案例 3.16】scanf 函数中的跳读和宽度。

```
#include <stdio.h>
void main()
{   int r,h; float v; scanf("%2d%*3d%2d",&r,&h);
    v=3.14159*r*r*h;
    printf("r=%d,h=%d,",r,h);
    printf("The volume is:%.2f\n",v);   }
```

程序运行时，若输入 12**345**67↙，输入格式字符串 "%2d**%*3d**%2d" 中的 "2" 字样为宽度格式字符，则 r 的取值为输入字符的前 2 个字符；而第二个格式字符串 **"%*3d"** 中 "*" 字符的作用是跳读，即读 3 个数字，但不把值赋给变量，则输入字符 345 被跳过，从而使得变量 h 获得输入值 67，运行结果为：

r=12,h=67,The volume is:30310.06

【思考】若输入的数据不足 7 位，或超过 7 位，或数据间用空格分隔，则 r 和 h 获得什么值?

【案例 3.17】scanf 函数中的长度 (double 型数据 :%lf 格式)。

```
#include <stdio.h>
void main()
{   double a,b,c;  scanf("%lf,%lf",&a,&b );      /* 按双精度进行输入 */
    c=a*b;
    printf("a*b=%lf*%lf=%le\n",a,b,c);
}
```

程序运行时，若输入 12345.23456,223344.55667788↙，则运行结果为：

a*b=12345.234560*223344.556678=2.757241e+009

输入数据时，小数点后面只能有 6 位有效数字，当不足 6 位时在后面补 0，当超过 6 位时则对第 7 位进行四舍五入，请注意观察 a 和 b 所获得的值。

【案例 3.18】scnaf 函数中字符的输入。

```
#include <stdio.h>
void main()
```

```
{   char str1,str2;
scanf("%c%c",&str1,&str2);      /* 给字符变量输入数据 */
printf("%c %c\n",str1,str2);     /* 输出字符变量的值 */
}
```

程序运行时，若输入 ABC↙，则运行结果为：

A B

若输入为 A □ B □ C □↙，则运行结果为：

A

此时要注意的是，第二个输入的字符空格赋值给了变量 str2。

在使用 scanf 函数时，要注意以下几个问题。

（1）scanf 函数中的“格式控制字符串”后面应该是变量的地址，而不应是变量名。例如，不能将语句 scanf("%d,%d",&a,&b); 写成 scanf("%d,%d",a,b);，这是初学者容易出错的地方。

（2）输入数据时不能规定数据的精度。例如，scanf("%8.2f",&a); 是不合法的。

（3）“格式控制字符串”中除了格式说明符外，还有其他字符，则在输入数据时应在对应位置上输入与这些字符相同的字符。例如：

```
scanf ("a=%d,b=%d",&a,&b);
```

则输入数据时应输入 a=12,b=-2↙，其他任何输入形式都不正确。

（4）输入数据时，按指定的宽度输入或者遇空格、回车键、Tab 键或非法输入，则认为该数据输入结束。

（5）在用“%c”格式输入字符时，所有输入的字符（包括空格字符和转义字符）都作为有效字符。例如：

```
scanf("%c%c%c",&a,&b,&c);
```

若输入为 a □ b □ c↙，则把字符 a 赋给变量 a，把字符空格赋给变量 b，把字符 b 赋给变量 c。

（6）当输入的数据与输出的类型不一样时，虽然编译没有提示出错，但结果将不正确。如以下程序：

```
#include <stdio.h>
void main()
{   int a;    scanf("%d",&a );
    printf(" a=%f\n",a);
}
```

程序运行时，若输入 123↙，则运行结果为：

a=0.000000

从程序运行结果中看到，变量 a 的输入数值与输出数值不一样，这是因为输入数据类型为整型，而输出数据类型说明为浮点型，因此，在编程时要保证输入输出的格式类型说明和数据类型一致。

【思考】有语句 scanf("%d%c%f ",&a,&b,&c);，若输入为 1234a123o.26↙，则 a=____；b=____；c=____。

3.8.2 字符数据的输入与输出

C 语言为字符定义了两个最基本的函数：字符输入函数 getchar 和字符输出函数 putchar。在使用这两个函数时，程序的头部一定要加上文件包含命令：#include <stdio.h>。

1. 字符输入函数 getchar

字符输入函数 getchar() 的功能是从标准设备（键盘）上读入一个字符。其一般调用形式：

getchar();

该函数没有参数，但一对圆括号不能省略。getchar() 只能从键盘上接收一个字符。

【案例 3.19】getchar 函数的使用。

```
#include <stdio.h>
void main()
{  char str1,str2;
   str1=getchar();     /* 从键盘上接收一个字符赋给字符变量 str1*/
   str2=getchar();     /* 再从键盘上接收一个字符赋给字符变量 str2*/
   printf("%c,%c\n",str1,str2);}
```

程序运行时，若输入 a3↙，则运行结果为：

a,3

程序运行时，若输入 a↙

3↙，则输入第一个回车键后，输入即结束，字符 a 赋值给 a 变量，回车字符赋值给 b 变量。

2. 字符输出函数 putchar

字符输出函数 putchar() 的功能是向标准输出设备（显示器）输出一个字符。其一般调用形式：

putchar(c);

其中 c 是参数，它可以是整型或字符型变量，也可以是整型或字符型常量。当是整型量时，输出以该数值作为 ASCII 码所对应的字符；当是字符型量时，直接输出字符常量。

例如：

putchar('a'); putchar(65); putchar('\n');

【案例 3.20】字符输出函数的使用。

```
#include<stdio.h>
void main()
{  char c='B' ;      /* 定义，并给字符变量赋值 */
   c='B';  /* 给字符变量赋值 */
   putchar(c) ;      /* 输出该字符 */
   putchar('\x42' ) ;         /* 输出字母 B*/
   putchar(0x42) ; /* 直接用 ASCII 码值输出字母 B*/
   putchar('\n') ; }
```

程序运行结果为：

BBB

3.9　顺序结构程序编程举例

【案例 3.21】设圆半径为 *r*，圆柱高为 *h*，求圆周长、圆面积、圆球表面积、圆球体积、圆柱体积。用 scanf 输入数据，输出计算结果，输出时要求有文字说明，取小数点后 2 位数字。请编写程序。

根据设计要求，各参数求解的数学公式为：圆周长$c=2\pi r=\pi d$，圆面积$S=\pi r^2$，圆柱体积$v=\pi r^2 h$，圆球表面积$S_r=4\pi r^2$，圆球体积$v_3=\frac{4}{3}\pi r^3$。

在编写程序之前，需要先思考以下几个问题：需要定义几个变量？每个变量如何命名？分别是什么数据类型？程序中的数据精度如何处理？怎样输入已知数据的值？如何用 C 语言程序表达以上数学公式？如何输出计算结果？按前述的相关知识，解决以上问题，就可以完成数据结构的设计。源程序编写如下：

```
#include <stdio.h>
#define pi 3.141592
void main ( )
{  float h,r,c,s,sr,v,v3;
   printf(" 请输入圆半径 r，圆柱高 h : ");
   scanf("%f,%f",&r,&h);
   c=2*pi*r;        printf(" 圆周长为 : c=%6.2f\n",c);
   s=r*r*pi;        printf(" 圆面积为 : s=%6.2f\n",s);
   sr=4*pi*r*r;     printf(" 圆球表面积为 : sr=%6.2f\n",sr);
   v3=4.0/3.0*pi*r*r*r;     printf(" 圆球体积为 : v3=%6.2f\n",v3);
   v=pi*r*r*h;      printf(" 圆柱体积为 : v=%6.2f\n",v);          }
```

运行程序，若输入 10,20，程序运行结果为：

圆周长为：c= 62.83

圆面积为：S=314.16

圆球表面积为：Sr=1256.64

圆球体积为：v3=4188.79

圆柱体积为：v=6283.18

要注意的是，案例中求解球的体积的语句 v3=4.0/3.0*pi*r*r*r; 如果改写成：v3=4/3*pi*r*r*r;，则同样输入半径 *r*=10、高度 *h*=20 时，计算输出圆球的体积为 v3=3141.59，与之前运算的结果 v3=4188.79 有很大出入，这是为什么呢？按照运算的优先顺序以及结合性，先运算的是 4/3，因为运算的两边都是整数，所以 4/3 的运算结果为 1，再做剩余的运算求解 1*pi*r*r*r=3141.59，因而计算结果存在很大的误差。而如果该语句改写成 v3=4*pi*r*r*r/3;，按照运算的优先顺序以及结合性，因为符号常量 pi 先参与乘法运算，在最后除以 3 时，除法运算的左边已经是浮点型数据，所以运算结果与之前一致。因此，在进行运算时要考虑运算符的优先性和结合性。

【案例 3.22】从键盘上输入两个整数并放入变量 a、b 中，编写程序以将这两个变量中的数据交换。

```
#include <stdio.h>
void main()
{   int a,b,temp;     a=3;b=5;
    printf(" 原始：a=%d,b=%d\n",a,b);
    temp=a;a=b;b=temp;
    printf(" 交换后：a=%d,b=%d\n",a,b);   }
```

程序运行结果为：

原始：a=3,b=5

交换后：a=5,b=3

两个数据交换过程中，不能直接写成 a=b; b=a;，因为当执行 a=b; 后，变量 a 中的原值就被“覆盖”掉了，与变量 b 中的值相等，再执行 b=a; 时 b 变量的值没有发生改变，因此不能实现交换。正确的做法是另定义一个变量（假设是 temp）作为暂存单元，在执行 a=b; 之前，先将变量 a 的值放入 temp 中保存起来，然后执行 a=b;，最后再执行 b=temp;，由于 temp 中保存的是 a 的值，这样就将原来 a 的值赋给了 b，从而实现了两个变量中的数据交换。

【案例 3.23】从键盘上输入一个英文小写字母，编写程序以输出该字母所对应的大写字母及其 ASCII 码。

在 ASCII 字符集中，大写字母 A~Z 是连续的（ASCII 值从 65~90），小写字母 a~z 也是连续的（ASCII 值从 97~122）。因此每对字母的 ASCII 码值差是相同的，都是 32，

即 'a'−'A'、'b'−'B'、'c'−'C'……'z'−'Z' 都是 32。所以将小写字母的 ASCII 码值减去 32，则得到的是所对应的大写字母 ASCII 码值。同理，将大写字母的 ASCII 码值加上 32，则得到的是所对应的小写字母 ASCII 码值。

```
#include <stdio.h>
void main()
{  char c1,c2;
   printf("请输入一个小写字母：");
   c1=getchar();   /* 从键盘获得一个小写字母 */
   c2=c1-32;       /* 将小写字母转化为大写字母 */
   printf("该字母的大写和 ASCII 码分别是：");
   printf("%c,%d\n",c2,c2);
}
```

程序运行时，若输入 c↙，运行结果为：

该字母的大写和 ASCII 码分别是：C,67

本例程序也可以写成如下形式：

```
#include <stdio.h>
main()
{  char c1,c2;
   printf("请输入一个小写字母：");
   scanf("%c",&c1);   /* 用 scanf 函数从键盘获得一个小写字母 */
   c2=c1-32;       /* 将小写字母转化为大写字母 */
   printf("该字母的大写和 ASCII 码分别是：");
   putchar(c2);                 /* 用 putchar 函数输出一个大写字母 */
   printf(",%d\n",c2);   /* 用 printf 函数输出大写字母的 ASCII 码 */       }
```

第 4 章　选择结构程序设计

顺序结构是最简单的程序结构。实际上，在很多情况下，需要根据某个条件是否满足来决定是否执行指定的操作任务，或者从给定的两种或多种操作中选择其一执行。这就是选择结构要解决的问题。

选择结构是根据判定所给条件是否满足，自动决定程序该执行哪些语句。在 C 语言中，通常用 if 语句或 switch 语句来实现选择结构。if 语句是两分支的选择语句；switch 语句是多分支的选择语句。本章主要介绍什么是选择结构、选择结构的特点和语法以及如何利用选择结构语句设计简单的程序。

4.1　什么是选择结构

在现实生活中，不可能事事都是按顺序执行的，往往会根据不同情况进行不同处理。如遇到十字路口，会根据目的地的方向，选择是向左走还是向右走；我们会通过判断天气情况，选择去郊游还是留在家里。生活中需要进行判断和选择的情况几乎无处不在。

计算机在帮助我们打理一切的时候，选择自然也成为了它必不可少的部分。而计算机在处理选择问题的时候，首先必须知道“条件”，然后是使用适当的处理方式，例如，判断一个年份是否为闰年，因为闰年分为普通闰年和世纪闰年，所以判断方式对应也有两种。普通年判断方法：能被 4 整除且不能被 100 整除的为闰年，如 2004 年就是闰年，1999 年不是闰年。世纪年判断方法：能被 400 整除的是闰年，如 2000 年是闰年，1900 年不是闰年。满足上述两个条件之一，都可以判断为闰年。因而，判断条件可以写成 (year%4==0 && year%100!=0)|| (year%400==0)，具体代码如下：

```
if((year%4==0 && year%100!=0)|| (year%400==0))  leap=1; // leap=1 表示是闰年
else  leap=0;                    // leap=0 表示不是闰年
```

因为 C 语言提供了 if 嵌套的语句，使得程序语言更为灵活，所以上述问题的判断语句也可以写成：

```
if(year%4==0)
    {  if(year%100==0)
           {  if(year%400==0)    leap=1;     // leap=1 表示是闰年
```

```
            else    leap=0;    // leap=0 表示不是闰年    }
    else                    leap=1;             }
else  leap=0;
```

还可以写成：

```
if(year%4!=0)       leap=0;                    // leap=0 表示不是闰年
else if(year%100!=0)      leap=1;                    // leap=1 表示是闰年
else if (year%400!=0)     leap=0;
else        leap=1;
```

由此可见，对于选择结构，如何进行判断是十分重要的，判断选择的方法不一样，对应的程序语言也就不相同。对“判断条件”的正确描述是选择程序的必要基础。我们首先要了解如何用 C 语言描述选择结构的判断条件。

4.2　如何描述判断条件

C 语言一般用关系表达式或逻辑表达式来描述判断条件。关于关系运算符和逻辑运算符，第 3 章已经做了简单介绍。

4.2.1　关系运算符和关系表达式

关系运算实际上就是比较运算，比较两个量的运算符就称为关系运算符。关系运算符都是双目运算符，要求两个操作数是同一种数据类型，其结果为逻辑值。即关系成立时，其值为真，按 C 语言的习惯，用非 0 值（一般用 1）表示；关系不成立时，其值为假，用 0 表示。

例如，已有定义：int a=3,b=2,c=1,d,f;，则表达式 a>b 的值为 1；(a>b)==c 的值为 1；b+c<a 的值为 0；d=a>b 的值为 1。

关系运算符的优先级低于算术运算符，关系运算符中 >、>=、<、<= 的优先级相同，都是 6 级；而 == 和 != 的优先级为 7 级，低于前 4 种。

在进行书写时，使用 () 能使关系更清晰。例如，c>a+b 和 c>(a+b)、a==b<c 和 a==(b<c)、a=b>c 和 a=(b>c)。

一般来说，在运算符中，算术运算符的优先级高于关系运算符，而关系运算符的优先级高于逻辑运算符。

同一优先级别的关系运算符混合运算时，按照从左向右的结合性进行运算。

例如，求解表达式 f=a>b>c，需要先判断表达式 a>b>c 的结果，再赋值给 f 变量。但是在判断 a>b>c 时要注意的是，变量 a=3，b=2，c=1，从数学关系上看，a>b>c 是成立的，但是在 C 程序中，同级比较从左向右，先比较 a>b 得到比较成立，结果为真（值为 1），再和 c 变量比较，判断是否大于 c，显然就不成立了，因而上述关系表达式的结果为 0。要表达数学关系 a>b>c，需要用到逻辑运算 &&，将表达式 a>b>c 改写为 a>b&&b>c，则符合数学逻辑。

浮点数可以进行比较，但是由于不同浮点类型中表示精度的差异，所以会引起一些错误。

【案例 4.1】浮点型数据的比较。

```
#include <stdio.h>
void main()
{  float fl=7.123456789; float f2=7.123456787; float g=1.0/3.0; double d=1.0/3.0;
   printf("%s",(fl!=f2?"not same,":"same,"));
   printf("%s",(g==d?"same\n":"not same\n"));                 }
```

运行结果为：

same,not same

案例中，语句 printf("%s",(fl!=f2?"not same\n":"same\n"); 即判断 fl!=f2 是否成立，如果 f1 不等于 f2，表达式成立，则打印 "not same\n" 字符串；如果相同，则向屏幕打印字符串 "same\n"。因 float 型精度有限，不能分辨其差异，造成判断有误（认为是相同的数）。本案例中 f1 与 f2 的前 6 位有效数位相等而后面的数不同，在计算机中可能被表示为同一个数，所以第一行 printf 语句执行结果为 same。解决的方法是使用 double 型数据，在本案例的第二行 printf 语句中比较变量 g 和变量 d 的值，变量 g 为 float 类型，变量 d 为 double 类型，虽然都是 1.0/3.0，但小数点后的精度不一样，所以第二行输出的结果为 not same。

浮点数大小比较时由于精度问题，如果直接比较可能会出错，因此在比较的时候可以设定一个很小的数值（精度），当二者差小于设定的精度时，就认为二者是相等的。即采用 |a−b|< 精度的方式判断 a 和 b 是否相等。

例如，设置精度为 1E−2，也就是 0.01。对于两个浮点数 a、b，如果 fabs(a−b)<=1E−2，即 a−b 的绝对值小于等于 0.01，那么就是相等了。

4.2.2 逻辑运算符与逻辑表达式

C 语言中提供了 3 种逻辑运算符，分别是与运算符 &&、或运算符 || 以及非运算符 !，在进行书写时，使用 () 能使关系更清晰。例如：

a>b&&x>y ↔ (a>b)&&(x>y)

与运算符 && 和或运算符 || 均为双目运算符，非运算符 ! 为单目运算符。

例如，假设有定义 int a=4,b=5; ，则 !a 的值为 0；a&&b 的值为 1；a||b 的值为 1；!a||b 的值为 1；4&&0||2 的值为 1。

在逻辑运算中，与运算 && 优先级为 11 级，遵循左结合，相当于其他语言中的

AND；或运算 || 优先级为 12 级，遵循左结合，相当于其他语言中的 OR；非运算 ！优先级为 2 级，遵循右结合，相当于其他语言中的 NOT。例如，求解表达式 5>3&&8<4–!0，因为 5>3 逻辑值为 1，而 !0 逻辑值为 1，从而 4–1 逻辑值为 3，则 8<3 逻辑值为 0，所以 1&&0 逻辑值为 0，因此最后表达式的值为 0。

值得注意的是，在逻辑表达式的求解中，并不是所有的逻辑运算符都要被执行。

例如，逻辑与 a&&b&&c：只有 a 为真时，才需要判断 b 的值，只有 a 和 b 都为真时，才需要判断 c 的值。逻辑或 a||b||c：只要 a 为真，就不必判断 b 和 c 的值，只有 a 为假，才判断 b；a 和 b 都为假才判断 c。这就是前面第三章讲过的逻辑运算符的短路现象。

【案例 4.2】分析下面程序段的运行结果（逻辑表达式）。

分析下面程序段的运行结果：

```
#include <stdio.h>
void main()
{   int a,b,c,d;  a=0;  b=1;
    c=a++&&b++;  d=a++||b++;
    printf("a=%d,b=%d,c=%d,d=%d\n",a,b,c,d);
}
```

执行结果为：

a=2,b=1,c=0,d=1

本案例中，执行语句 c=a++&&b++; 时，因为 ++ 是后缀，所以表达式 a++ 的值为 0，不需要判断 b++，因而语句 c=a++&&b++; 执行后，a=1,b=1,c=0；而执行语句 d=a++||b++; 时，表达式 a++ 此时为 1，不需要再判断 b++，因此执行语句 d=a++||b++; 后，a=2,b=1,d=1。最终执行结果为 a=2,b=1,c=0,d=1。

4.3　用 if 语句实现选择结构

在 C 语言中，选择结构又可分为二分支和多分支两种，二分支选择结构可通过 if–else 语句来实现；多分支选择结构则可通过 if 语句的嵌套和 switch 语句来实现。但是，无论二分支还是多分支的选择结构在执行时，至多只能执行其中一个分支。

4.3.1　单分支 if 语句

单分支 if 语句的基本形式为：

if (表达式) 语句 ;

该语句的执行过程：首先判断表达式的值是否为真，若表达式的值为非 0，则执行其后的语句；否则不执行该语句。

if 语句中的“表达式”可以是关系表达式、逻辑表达式，甚至是数值表达式。其中最直观、最容易理解的是关系表达式。

【案例 4.3】从键盘输入学生成绩并判断是否及格，若及格输出 pass。

```
#include <stdio.h>
main()
{   float a;
    printf("please input the score: ");                // 提示输入成绩
    scanf("%f",&a);
    if(a>=60) printf("pass\n");              }
```

运行程序时，若输入分数 80↙，程序运行结果为：

pass

这个程序中，如果输入的学生成绩低于 60 分，未做任何处理，也不会有任何输出结果。比如再次运行程序，输入成绩 50↙，程序运行后没有任何反馈结果。

【思考】从键盘输入两个整数 a 和 b，如果 a 大于 b 则交换两数，最后输出这两个数。

4.3.2 双分支 if 语句

双分支 if 语句为 if-else 形式，语句的结构为：

if(表达式)　　　　语句 1;

else　　　　语句 2;

该语句的执行过程：当表达式的值为真，则执行语句 1，否则执行语句 2。

在 if 语句的结构中，如果语句 1 和语句 2 是复合语句，需要用 {} 把复合语句括起来。

【案例 4.4】求解方程 $ax^2+bx+c=0$ 的实根。

1）案例分析

利用一元二次方程根的判别式 $\Delta=b^2-4ac$ 可以判断方程的根的情况。

（1）当 $\Delta>0$ 时，方程有两个不相等的实数根，即 $x=\dfrac{-b\pm\sqrt{b^2-4ac}}{2a}=\dfrac{-b}{2a}\pm\dfrac{\sqrt{b^2-4ac}}{2a}$。

（2）当 $\Delta=0$ 时，方程有两个相等的实数根。

（3）当 $\Delta<0$ 时，方程无实数根。

2）编写程序

```
#include <stdio.h>
#include<math.h>
int main ()
{   double a,b,c,disc,x1,x2,p,q;
    scanf("%lf%lf%lf",&a,&b,&c);
    disc=b*b-4*a*c;
```

```
    if (disc>=0)                    //dise>=0 是一个关系表达式，表示有实根的条件
    {                                        // 满足条件，则按公式求解实根
          p=-b/(2.0*a);   q=sqrt(disc)/(2.0*a);    x1=p+q;       x2=p-q;
          printf("x1=%7.2f\nx2=%7.2f\n",x1,x2);          }
    else
          printf("The equation has not real roots\n");
}
```

运行程序，若输入 a、b、c 的值分别是 2、3、1 后，输出结果为：

x1=-0.50

x2=-1.00

若输入的 a、b、c 的值分别是 1、2、3 后，程序运行结果为：

The equation has not real roots

【案例 4.5】从键盘输入两个整数，输出其中较大者。

1）案例分析

本案例中可以使用多种方式来解决，例如：

方案 1：参考前面思考题中比较两数的大小，如果 a<b，则交换 a 和 b，这样变量 a 中保留了两个变量中的大值，然后输出 a 即可，这属于单分支结构。

方案 2：设计第三变量 max，如果 a>b，则 max=a，否则，max=b，这属于双分支结构。

2）方案 1 的程序编写

```
#include <stdio.h>
void main()
{  int a,b,t;
   printf("input the two numbers: ");
   scanf("%d,%d",&a,&b);
  if(a<b) {t=a;a=b;b=t; }
  printf(" 较大数 =%d\n",a);   }
```

3）方案 2 的程序编写

```
main()
{  int a,b;
   printf("input the two numbers: ");
   scanf("%d,%d",&a,&b);
   if(a>b)  printf("max=%d\n",a);
   else     printf("max=%d\n",b);// 可以用条件运算语句实现 }
```

运行程序，若输入 10,20，程序执行结果为：

max=20

方案 2 程序中，if 语句可以改写成 max=(a>b) ?a:b; ，程序执行的结果是一样的。

【说明】

（1）条件运算的一般形式为：

表达式 1? 表达式 2: 表达式 3

（2）条件运算符的执行顺序：先求解表达式 1，若为非 0（真）则求解表达式 2，此时表达式 2 的值就作为整个条件表达式的值。若表达式 1 的值为 0(假)，则求解表达式 3，表达式 3 的值就是整个条件表达式的值。

赋值语句 max=(a>b) ?a:b; 的执行结果就是将条件表达式的值赋值给 max，也就是将 a 和 b 二者中的较大者赋给 max。条件运算符优先于赋值运算符，因此赋值表达式的求解过程是先求解条件表达式，再将它的值赋给 max。

（3）上面的例子是将条件表达式的值赋给一个变量 max，其实也可以在条件表达式中的表达式 2 和表达式 3 中对 max 赋值，并在条件表达式后面加一个分号，就成为一个独立的语句。

（4）上述条件表达式还可以写成以下形式：

a>b?printf("%d".a): printf("%d",b)

也就是说，“表达式 2”和“表达式 3”不仅可以是数值表达式，还可以是赋值表达式或函数表达式。上面条件表达式相当于以下 if...else 语句：

```
if(a>b)        printf("%d",a);
else           printf("%d",b);
```

【案例 4.6】分析以下两个程序的运行结果。

程序 1：
```
#include <stdio.h>
void main()
{       int a,b; a=b=0;
        if(a==1)
         {    a++;      b++;     }
        else
        {       a=0;    b=10;   }
        printf(“a=%d,b=%d\n”,a,b);
}
```

程序 2：
```
#include <stdio.h>
void main()
{       int a,b; a=b=0;
        if(a=1)
          {    a++;    b++;   }
        else
          {    a=0;    b=10;   }
        printf(“a=%d,b=%d\n”,a,b);
}
```

从程序分析可知，本案例中两个程序几乎一样，不同的是判断条件。程序 1 的判断条件是 a==1，是关系表达式，因为 a=0，比较 a 和 1 是否相等，明显条件是不成立的，因而执行 else 后的复合语句，得到输出结果是：a=0,b=10。

而程序 2 的判断条件是 a=1，是一个赋值表达式，赋值后 a=1，且表达式的值为 1，在条件判断中，所有非 0 值都认为是“真值”，因此，此时判断条件认为条件是满足的，所以执行 a++;b++; 的复合语句，执行结果为：a=2,b=1。

4.3.3　多分支选择结构

多分支选择结构的特点：从多个选择结构中，选择第一个条件为真的路线作为执行的线路，即所给定的选择条件为真时，就执行语句 1；如果为假则继续检查下一个条件。如果条件都为假，就执行其他操作块，如果没有其他操作块，则不做任何操作并结束选择。多分支选择结构的 if 语句一般形式为：

```
if( 表达式 1)            语句 1;
else if ( 表达式 2)      语句 2;
    ……
    else if ( 表达式 m)  语句 n;
        else             语句 n+1;
```

该语句的执行过程：依次判断表达式的值，当某个表达式的值为真时，则执行其对应的语句。然后跳到整个 if 语句之外继续执行程序；如果所有的表达式均为假，则执行语句 *n*+1，然后继续执行后续程序。语句的控制流程如图 4.1 所示。

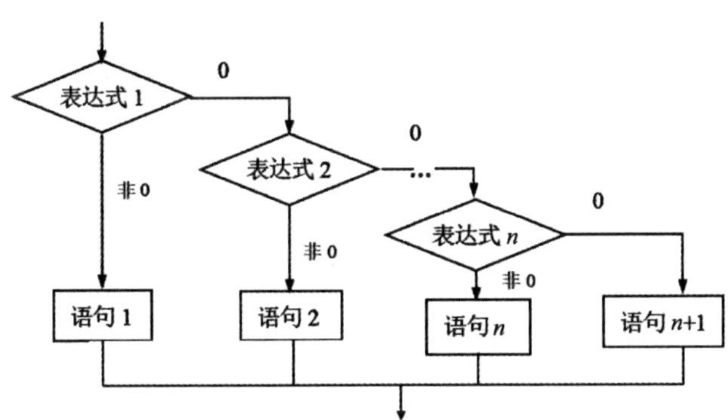

图 4.1　多分支选择结构

【案例 4.7】公民应当文明出行，自觉遵守交通法则，如果违法则要受到相应的处罚。如何编写程序根据输入的车速和限速，做出处罚判断呢？

1）案例分析

小明在交规的学习中了解到，根据车辆超速情况的不同，处罚是不同的。

（1）超速 10% 以内的，不罚款，记 3 分。

（2）超速 10% 以上未达 20% 的，罚 50 元，记 3 分。

（3）超速 20% 以上未达 50% 的，罚 200 元，记 3 分。

（4）超速 50% 以上未达 70% 的，罚 1000 元，记 6 分。

（5）超速 70% 以上的，罚 2000 元，记 6 分，可以并处吊销驾驶证。

2）编写程序

```
#include <stdio.h>
void main()
{   float speed,limtspeed,r;
    printf(" 输入车速 :");   scanf("%f",&speed);
    printf(" 输入限速 :");   scanf("%f",&limtspeed);
    r=(speed-limtspeed)/limtspeed;
    if(r>0&&r<0.1) printf(" 不罚款 , 记 3 分 \n");
    else if(r>=0.1&&r<0.2) printf(" 罚款 50, 记 3 分 \n");
            else if(r>=0.2&&r<0.5) printf(" 罚款 200, 记 3 分 \n");
                    else if(r>=0.5&&r<0.7) printf(" 罚款 1000, 记 6 分 \n");
                     else if(r>=0.7)printf(" 罚款 2000, 记 6 分 , 并可吊销驾照 \n");
                                   else  printf(" 遵守交规，赞 !\n");            }
```

在 if ... else 嵌套的结构中，要注意 if 与 else 的匹配关系。C 语言规定，else 总是与离它最近的上一个 if 配对。在 if...else 的嵌套结构中，程序可按上面的缩进对齐方式来书写，这样可以增加程序代码的美观性和程序的可读性。在程序中，if...else 结构的嵌套层次不宜太多，否则会影响程序的执行效率，并且容易出现判断上的漏洞，导致程序出现不正确的结果。

虽然程序的执行与程序的书写方式关系不大，但是良好的程序书写风格有助于对程序的理解，因此，建议读者在编写程序时注意程序的书写风格，养成良好的编程习惯。

要注意的是，在 if 语句中，条件表达式必须用括号括起来。在每一个 else 语句之前必须加分号，整个语句结束处也必须有分号。例如：

```
if ( a>b )  max=a;
else        max=b;
```

这里要注意的是，虽然 if 和 else 之间加了分号，但 if...else 仍是一条语句，都同属于一个 if 语句。else 子句也是 if 语句的一部分，和 if 语句配对使用，不能单独使用。

4.3.4　if 语句的嵌套

当 if 语句中的语句体又是 if 语句时，这种情况就叫 if 语句的嵌套。例如：

```
if ( 表达式 )
  if ( 表达式 )     语句 1;
  else              语句 2;
else
  if ( 表达式 )     语句 3;
  else              语句 4;
```

可以看到嵌套的 if 语句也是 if...else 形式的，这将会出现多个 if 和 else 的情况，这时应该特别注意 if 和 else 的配对问题。

在 if...else 结构中的任一执行框中插入 if 结构或 if...else 结构，可构成任意嵌套的选择结构，其实现实问题中很多都是构成任意嵌套的形式。例如：

```
形式 1：if(表达式 1)
           if(表达式 2)
              if(表达式 3)
            语句 1；
```

```
形式 2：if(表达式 1)
           if(表达式 2) 语句 1；
           else 语句 2；
```

```
形式 3：if(表达式 1)
          {if(表达式 2)  语句 1;}
        else  语句 2;
```

```
形式 4：if(表达式 1)
            if(表达式 2)  语句 1;
           else  语句 2;
       else  语句 3;
```

```
形式 5：if(表达式 1)
          if(表达式 2) 语句 1;
          else  语句 2;
       else if（表达式 3）语句 3;
          else  语句 4;
```

因此，if 语句嵌套的形式是多种多样的，当出现多重 if 嵌套时要注意以下几点。

（1）else 与 if 的就近一致配对原则。

（2）else 与同一层最接近它，而又没有其他 else 语句与之相匹配的 if 语句配对。

（3）对于嵌套的 if 语句，最好使用“{ }”括起，同时采用代码缩进的形式书写。

【案例 4.8】编程完成以下分段函数，要求输入任意 *x*，求 *y* 值。

$$y=\begin{cases}0,\ x=0\\1,\ x>0\\-1,\ x<0\end{cases}$$

```
#include<stdio.h>
void main ()
{  int x, y;  scanf("%d", &x);
   if(x<0)  y=-1;
   else  if(x==0)  y=0;
           else  y=1;
   printf ("x=%d, y=%d\n", x, y);   }
```

分别输入 x 的值 2,–3,0，3 次运行结果分别为：

x=2, y=1

x=–3, y=–1

x=0, y=0

【思考】观察如下程序，这两个程序执行的功能和案例程序一样吗？

```
#include<stdio.h>
void main ()
{       int x, y; scanf("%d", &x);
        if (x>=0)
                if (x>0)   y=1;
                else       y=0;
        else  y=-1;
        printf ("x=%d, y=%d\n", x, y);   }
```

```
#include<stdio.h>
main()
{       int x,y; scanf("%d",&x);
        y=-1;
        if(x!=0)
                if(x>0)  y=1;
                else     y=0;
        printf("x=%d,y=%d\n",x,y);    }
```

【思考】分析以下程序段的运行结果。

```
main()
{       int a=2, b=1, c=2;
        if (a)
                if ( b<0 ) c=0;
                else  c++;
        printf("%d\n",c);      }
```

```
main()
{       int a=2, b=1, c=2;
        if (a)
        {       if (b<0) c=0;   }
                else  c++ ;
                printf("%d\n",c);      }
```

4.4 switch 语句

前面所说的 if 语句通常用于解决两个分支的情况，而日常生活中我们常常要解决多个分支的问题。例如，给学生成绩划分 A、B、C 等等级，诸如此类问题。利用嵌套的 if 语句当然也是可以解决的，例如利用以下结构表示：

```
if ( 判断条件 1)
        { 执行语句 1}
        else if ( 判断条件 2)
                { 执行语句 2 }
                ……
                        else if ( 判断条件 n)
                                { 执行语句 n }
                else
                { 执行语句 n+1 }
```

判断的流程可以见图 4.2。

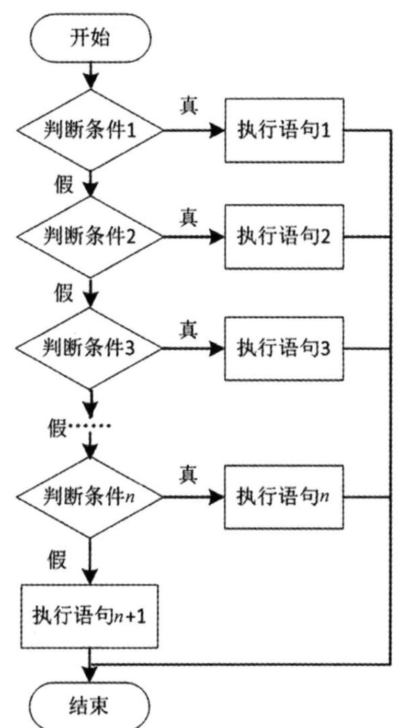

图 4.2　多分支结构判断流程

但是如果分支太多，即 if 语句嵌套层次数太多，这样的代码被形象地称为“意大利面条”，结构复杂、逻辑混乱，不利于阅读与维护。有没有什么更好的方法能解决多分支问题呢?

C 语言提供了专门用于解决多分支选择问题的 switch 语句，其一般形式为：

```
switch( 表达式 )
{
    case 常量表达式 1: 语句 1;
    case 常量表达式 2: 语句 2;
      ……
    case 常量表达式 n: 语句 n;
    default: 语句 n+1;
}
```

switch 条件语句也是一种很常用的选择语句，和 if 条件语句不同的是，它针对某个表达式的值做出判断，从而决定程序执行哪一段代码。

switch 语句的执行过程： 首先计算表达式的值，并逐个与其后的常量表达式值相比较。当表达式的值与某个常量表达式的值相等时，即执行其后的语句，然后不再进行判断，继续执行后面所有 case 后的语句。如果表达式的值与所有 case 后的常量表达式均不相同，则执行 default 后的语句。break 的作用是跳出 switch 语句。

该语句执行的流程如图 4.3 所示。

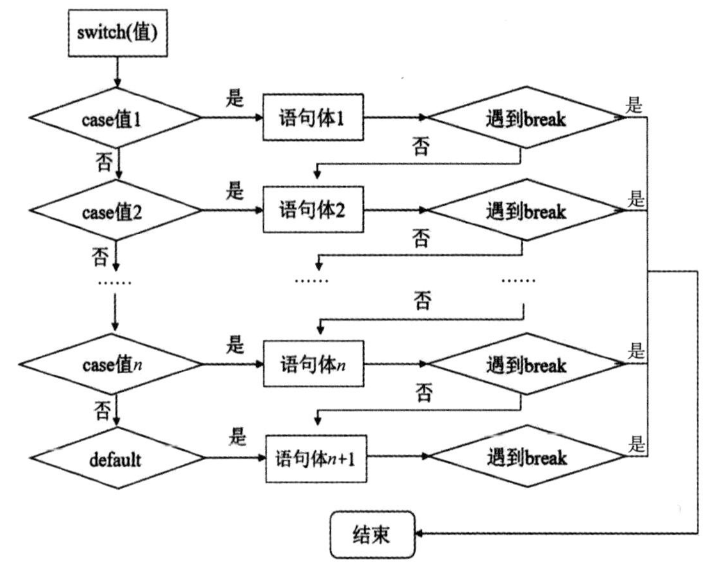

图 4.3　switch 语句执行流程

【说明】

（1）switch 后跟的“表达式”允许为任何类型的表达式。

（2）每一个 case 后的各常量表达式的值可以是整型、字符型或者枚举型，各个常量表达式的值不能相同，否则会出现错误。“表达式”两边的括号不能省略。

（3）switch 语句停止的条件是遇到 break 关键字或者结束 switch 语句的大括号。

（4）在 case 后，允许有多个语句，可以不用 {} 括起来。

（5）switch case 中的值必须要与 switch 表达式的值具有相同的数据类型。而且 case 后跟的值必须是常量，不能跟变量。

（6）case 和 default 子句出现的先后顺序可以变动，不会影响程序执行结果。default 子句也可以省略不用。

（7）如果匹配的 case 或者 default 没有对应的 break，那么程序会继续向下运行可以执行的语句，直到遇到 break 或者 switch 结尾结束。此时，多个 case 共用一组执行语句。例如：

```
    ⋮
case 'A':
case 'B':
case 'C':printf(">60\n");break;
……
```

【案例 4.9】输入一个十进制数，根据输出的数输出所对应的英文星期单词，若所输入的数小于 1 或大于 7，则输出“Error”。

利用 switch 语句，编写程序如下：

```
#include <stdio.h>
void main()
{  int a;
   printf("Input a:");   scanf("%d",&a);
   switch(a)
   {       case 1:printf("Monday, ");
           case 2:printf("Tuesday, ");
           case 3:printf("Wednesday, ");
           case 4:printf("Thursday, ");
           case 5:printf("Friday, ");
           case 6:printf("Saturday, ");
           case 7:printf("Sunday, ");
           default: printf("Error\n");        }
}
```

运行程序，且输入数值 1，结果显示为：

Monday, Tuesday, Wednesday, Thursday, Friday, Saturday, Sunday, Error

本程序要求输入一个数字，输出一个英文单词。但是在输入 1 之后，却输出了 Monday 及以后的所有单词。为什么会出现这种情况呢？

造成算法有问题的原因是 switch 语句的一般形式不具备通常意义上的“分支”作用，根据 switch 语句的语法规则，程序是在满足第 i 个条件后，从 case i: 开始执行，直到 case n+1: 为止。该算法流程并不能满足本案例所示的需求。

在 switch 语句中，“case 常量表达式”只起语句标号的作用，并不在这里进行条件判断。这是与前面介绍的 if 语句完全不同的，应特别注意。当执行 switch 语句后，程序会根据 case 后面表达式的值找到匹配的入口标号，并从此处开始执行下去，不再进行判断。为了避免这种情况，C 语言提供了 break 语句，专门用于跳出 switch 语句，break 语句只有关键字 break，没有参数。break 语句不但可以用在 switch 语句中终止 switch 语句的执行，还可以用在循环中终止循环。

修改本案例的程序，在每一个 case 语句之后增加 break 语句，使每一个 case 执行之后均可跳出 switch 语句，从而避免输出不需要的结果，程序如下：

```
#include <stdio.h>
void main()
{         int a;   scanf("%d",&a);
```

```
    switch(a)
    {       case 1:printf("Monday\n");break;
            case 2:printf("Tuesday\n"); break;
            case 3:printf("Wednesday\n"); break;
            case 4:printf("Thursday\n"); break;
            case 5:printf("Friday\n"); break;
            case 6:printf("Saturday\n"); break;
            case 7:printf("Sunday\n"); break;
            default: printf("Error\n"); break;      }
}
```

运行程序，输入 1，结果为：

Monday

【案例 4.10】输入考试的成绩，输出相应的等级。优秀为 90 分及其以上，良好为 80 ~ 89 分，中等为 70 ~ 79 分，及格为 60 ~ 69 分，60 分以下为不及格。

```
#include <stdio.h>
void main()
{           int score;
    printf(" 请输入一个学生的成绩：");
    scanf("%d",&score);
    if(score<60)            printf(" 不及格 \n");
        else if(score<70)           printf(" 及格 \n");
            else if(score<80)           printf(" 中等 \n");
                else if(score<90)           printf(" 良好 \n");
                    else if(score<=100)     printf(" 优秀 \n");     }
```

运行程序，输入成绩 78，结果为：

中等

此时，if 后的表达式只写了半幅，如 score<80，而不是 score>70&&score<80，那么 if 后的表达式顺序不能颠倒，否则得不到希望的结果。**本程序还可写为：**

```
void main()
{  int  score;      scanf("%d",&score);
   switch(score/10)
   {        case 10:
   case 9:  printf(" 优秀 \n");break;
   case 8:  printf(" 良好 \n");break;
   case 7:  printf(" 中等 \n");break;
```

```
    case 6:  printf(" 及格 \n");break;
    default:  printf(" 不及格 \n");  break;     }
}
```

运行程序，输入成绩 78，结果为：

中等

如果有两个以上基于同一个数字型变量（整型变量、字符型变量、枚举类型变量等）的条件表达式，尤其是对于作为判断的数字型变量的取值很有限，且对于每一个不同的取值，其所做的处理也不一样的情况，最好使用一条 switch 语句，这样更易于阅读和维护。这里有两点需要注意就是，第一就是用于作为判断条件的变量一定要是数字型的，另一点就是所有的判断条件都是基于同一个数字变量，而不是多个变量。例如，如下所示的 if 嵌套更适合用 switch 语句表达。

```
程序段 1：char grade;
          if(grade=='A') printf("85~100\n");
              else if(grade=='B') printf("70~84\n");
                  else if(grade=='C') pritnf("60~69\n");
                      else if(grade=='D') printf("<60\n");
                          else printf("error\n");
程序段 2：switch(grade)
        {
              case 'A': printf("85~100\n");break;
              case 'B': printf("70~84\n");break;
              case 'C': printf("60~69\n");break;
              case 'D': printf("<60\n");break;
              default: printf("error");break;                    }
```

4.5　选择结构程序举例

【案例 4.11】输入 3 个数，按从大到小的顺序输出。

设 3 个数分别是 a、b 和 c，把它们中最大者存放在 a 中，把次大者存放在 b 中，c 中存放最小者。然后依次输出 a、b 和 c。

```
#include"stdio.h"
main ()
{  int a, b, c, t ;
   printf ("please input the three number:");
```

```
    scanf ("%d,%d,%d", &a, &b, &c);
    if (a<b) { t=a; a=b; b=t;}                /* a 和 b 的值交换 */
    if (a<c) { t=a; a=c; c=t;}                /* a 和 c 的值交换 */
    if (b<c) { t=b; b=c; c=t;}                /* b 和 c 的值交换 */
    printf ("%d >= %d >=%d\n", a, b, c);
```

运行程序，输入 1,2,3，程序执行结果为：

3 >= 2 >=1

【案例 4.12】旅游景点为吸引游客，旺季和淡季门票价格不同，旺季为每年 5—10 月，门票价格为 200 元，淡季门票价格是旺季的八折。不论是旺季还是淡季，65 岁以上老人免票，14 岁以下儿童半价，其余游客全价。请编写一个景点门票计费程序。

```
#include <stdio.h>
void main()
{  int month,age;           float price=200,money;
   printf(" 请输入游览月份：");          scanf("%d",&month);  // 输入月份
   printf(" 请输入游客年龄：");          scanf("%d",&age);  // 输入游客的年龄
   if(month>=5&&month<=10)  // 判断是否是旅游旺季
           if(age>=65) money=0;  // 判断年龄是否在 65 岁以上
           else if(age<14) money=price/2;  // 判断年龄是否在 14 岁以下
                else money=price;
   else    if(age>=65) money=0;
           else if(age<14) money=price*0.8/2;
                else money=price*0.8;
           printf(" 该游客购买门票价格为 %.2f 元 \n",money);
}
```

运行程序，若输入游览月份为 3↙，输入游客年龄为 56↙，则程序运行输出：

该游客购买门票价格为 160.00 元。

【案例 4.13】输入 2005 年的一个月份，输出这个月的天数（2005 年为平年）。

```
main()
{          int month,days; scanf("%d",&month);
   switch(month)
{          case 1:
           case 3:
           case 5:
           case 7:
           case 8:
```

```
        case 10:
        case 12:days=31;break;
        case 4:
        case 6:
        case 9:
        case 11:days=30;break;
        case 2:days=28;break;
        default:days=-1;          }
    if(days==-1)    printf("input error! ");
    else            printf("2005 years %d month has %d days\n",month,days);        }
```

运行程序，若输入月份为 3，则输出结果为：

2005 years 3 month has 31 days

第 5 章　循环结构程序设计

循环结构是结构化程序中最重要的一种结构。其特点是，在给定条件成立时，反复执行某程序段，直到条件不成立为止。本章主要介绍 C 语言中的 3 种循环语句：for 语句、while 语句和 do-while 语句，以及 break、continue 转移语句，转移语句用于控制流程的转向，与循环语句结合使用。

5.1　循环的基本概念

日常生活中总会有许多简单而重复的工作，为完成这些必要的工作需要花费很多时间，而编写程序的目的就是使工作变得简单，使用计算机来处理这些重复的工作是最好不过的了。例如，如何用计算机来实现计算 1+2+3+4+…+100 呢？

这时就需要循环结构才能解决这个问题，定义变量 s 表示累加和，定义变量 i 表示加数，则通过循环语句 while(i<=100)　{s=s+i; i=i+1; } 可以实现。while() 即为 C 语言提供的循环语句。循环结构是结构化程序设计的基本结构之一。其特点是，在给定条件成立时，反复执行某程序段，直到条件不成立为止。给定的条件称为循环条件，在 C 语言中可以用 while 语句、do-while 语句和 for 语句来实现循环。

5.2　while 循环

while 循环通过 while 语句实现。while 循环又称为“当型”循环。语句的一般格式为：

while (表达式) 语句 ;　　　// 循环体

其中，表达式为循环控制条件，当表达式值为真（非 0）时，则重复执行循环体语句，直到表达式值为假时结束循环。当第一次判断就为假时，则跳过循环体，直接执行后面程序代码。

while (表达式) 括号后面的语句可以是一条语句，也可以是复合语句。

【说明】

（1）while () 循环是当型循环，先判断表达式，满足条件后执行语句。整个结构执行过程是先判断后执行，因而循环体有可能一次都执行不到。

（2）while 循环中的表达式一般为关系表达式或逻辑表达式，只要表达式的值为真（非 0），即可继续循环；表达式后没有分号。

（3）while 循环结构常用于循环次数不固定，根据是否满足某个条件决定循环与否的情况。

（4）循环体多于一条语句时，用一对 { } 括起。

（5）无法终止的循环常被称为死循环或无限循环。如果循环体中循环表达式是一个非 0 值常量表达式，则会构成死循环。

【案例 5.1】编程计算 *s*=1+2+3+⋯+100。

```
#include <stdio.h>
void main()
{   int i,s;  i=1;s=0;
    while(i<=100)            /* 循环控制 */
    {         s=s+i;  i=i+1;    }
    printf("s=%d\n",s);   }
```

运行结果为：

s=5050

【注意】

（1）循环体包括一条或多条语句，多条语句必须用一对花括号括起来。例如：

```
main()
{   int i=1;
    while(i<=100)            printf("%d",i);
    i++;                 }
```

这段程序中，while 循环体本意是要控制 printf("%d",i); 和 i++; 两条语句，可是由于这两条语句没有使用 {} 括起来，while 循环体只控制了 printf("%d",i); 这一条语句，造成了死循环。

（2）合理的循环是有限次循环。如果循环不能退出，则称为"死循环"，在程序设计中应该避免出现该情况。例如，本例中的循环条件为 i ≤ 100，i 从 1 逐渐增加到 100，当 i 等于 101 时，不满足 i ≤ 100 的条件从而退出循环，如果将循环条件改成 i >=1，由于 i 每次都是加 1，其趋势为递增，所以条件等同虚设，循环将一直执行下去，变成"死循环"。

（3）控制循环执行的次数因素包括循环中的循环条件、控制循环的主要变量的初值和终值以及每次变化的幅度等。例如，本例中 i 有效地控制了循环的运行，i 从 1 循环到 100，每次加 1，循环运行了 100 次，i 也可以称为循环变量。i 也可以从 100 循环到 1，每次减 1：

```
main()
```

```
{   int i,s;   i=100;s=0;
    while(i>=1)            /* 循环控制 */
    {          s=s+i;   i=i-1;   }
…}
```

【案例 5.2】编程计算 1 到 100 之间所有 3 的倍数的和。

```
#include <stdio.h>
void main()
{   int i,s;   i=3;s=0;
    while(i<=99)            /* 循环控制 */
    {          s=s+i;   i=i+3;   }
    printf("s=%d\n",s);   }
```

运行结果为：

s=1683

事实上，语句可以再继续复杂化，例如，在循环中加入选择结构语句 if...else 来解决问题，此时上面的程序也可以设计成：

```
#include <stdio.h>
void main()
{ int i,s;    i=1;s=0;
while(i<=100)
{  if (i%3==0)   s=s+i;   /* 判断是否为 3 的倍数，若是 3 的倍数则做累加 */
i=i+1;  }
printf("s=%d\n",s);   }
```

【案例 5.3】编程求解 $e^x = 1 + x + \frac{x^2}{2!} + \frac{x^3}{3!} + \cdots + \frac{x^n}{n!}, \frac{x^n}{n!} < 0.000001$。

假设每一项是 p，那么程序需要解决的问题是如何计算 p。计算第 i 个 p，需要两个 i 次的循环。第一个循环计算 x^i，第二个循环计算 i！，解决方案是从前一项计算后一项。编写程序如下：

```
#include <stdio.h>
void main()
{   double ex=0, x, item=1;  int i=0;
   scanf("%lf ", &x);
   while (item>1e-6)
{   ex += item;    ++i;     item = item * x / i;    }
   printf( "e 的 %f 次方等于：%f\n" , x, ex );
}
```

运行程序，输入指数值 5，结果为：

e 的 5.000000 次方等于：148.413159

【案例 5.4】用迭代法求方程 $f(x)=x^3-x-1=0$ 的根，要求误差小于 1×10^{-6}。

编写程序：

```
#include "stdio.h"
#include "math.h"
void main()
{   double x0,x1;  x0=0.0;  x1=pow((x0+1),1/3.0);
    while(fabs(x1-x0)>1e-6)
    {        x0=x1;  x1=pow((x0+1),1/3.0);           }
    printf("%f\n",x1);   }
```

运行结果为：

1.324718

5.3　do-while 循环

有些情况下，不论条件是否满足，循环过程必须至少执行一次，这时可以采用 do-while 语句，又称为“直到型”循环。语句的特点就是先执行循环体语句的内容，然后判断循环条件是否成立。do-while 语句的一般格式为：

do

{　语句　} while(表达式);

do-while 语句的执行过程：首先执行一次循环体语句；然后计算 while 后面的表达式值，如果值为真，则继续执行循环体，否则跳出循环体，执行该结构后面的语句。

【案例 5.5】用 do-while 语句编写程序，实现求 1 ～ 100 的累计和。

```
#include <stdio.h>
void main()
{   int i,s;  i=1;s=0;
    do  {  s=s+i;  i=i+1;    } while(i<=100);      /* 循环控制 */
    printf("s=%d\n",s);   }
```

【注意】

（1）do-while 循环和 while 循环可以完成相同的任务。如【案例 5.1】和【案例 5.5】都可以计算出 1 到 100 的数的和。但是，在 do-while 语句和 while 语句中，“表达式”后面都不能加分号，而在 do-while 语句的“while(表达式)”后面则必须加分号。

（2）当 do 和 while 之间循环体由多个语句组成时，也必须用 {} 括起来组成一个复合语句。

（3）do-while 循环的循环条件的判断在循环体的后面，所以和 while 循环有区别。例如，下面有两个程序段运行结果，在输入 i=1 的时候结果相同，因为第一次判断条件表达式符合要求；在输入 i=11 的时候结果不相同，因为第一次判断条件表达式就不符合要求，while 语句没有执行循环体，而 do-while 语句至少执行一次循环体。两个程序段如下：

程序段 1：

```
main()
{  int sum=0,i;  scanf("%d",&i);
   while(i<=10)
   {  sum=sum+i;  i++;  }
   printf("sum=%d\n",sum);
}
```

运行程序结果如下：

输入：1↙

则输出：sum=55

再一次运行程序，输入：11↙

再次输出：sum=0

这是因为条件不满足，不执行循环体，所以结果和为 0。

程序段 2：

```
main()
{  int sum=0,i; scanf("%d",&i);
   do
   {  sum=sum+i;  i++;
     }while(i<=10);
   printf("sum=%d\n",sum);  }
```

运行程序结果如下：

输入：1↙

则输出：sum=55

再一次运行程序，输入：11↙

再次输出：sum=11

这是因为先执行一次循环体，计算和为 11，之后判断条件不满足，循环结束，所以结果为 11。

【思考】用 do-while 语句编写程序，求 10！ =1*2*3*…*10。

【案例 5.6】计算方程 $x^3+2x^2+5x-1=0$ 在区间 [-1,1] 之间的根。

```
#include<stdio.h>
#include<math.h>
void  main()
{   double x,x1=-1,x2=1,f2,f1,f,epsilon;
    printf("请输入精度：");          scanf("%lf ",&epsilon);
    do{      f1=x1*x1*x1+2*x1*x1+5*x1-1;  f2=x2*x2*x2+2*x2*x2+5*x2-1;
             x=(x1*f2-x2*f1)/(f2-f1);          f=x*x*x+2*x*x+5*x-1;
             if(f*f1>0)       x1=x;
             else             x2=x;
    }while(fabs(f)>epsilon);
    printf("方程的根是：%f\n",x);
}
```

运行程序，若输入精度为 0.00001，则程序运行结果为：

方程的根是：0.185036

【案例 5.7】编写程序统计从键盘输入的一行非空字符的个数（以回车键为输入结束标记）。

方法一：用 while 语句实现

```
#include "stdio.h"
void main()
{  char ch;int num=0;
   ch=getchar();
   while(ch!='\n') // 判断是否输入结束
   {  num++;     ch=getchar();  }
  printf("num=%d\n",num);
}
```

方法二：用 do-while 语句实现

```
#include "stdio.h"
void main()
{          char ch;int num=0;
           ch=getchar();
           do{  num++;  ch= getchar();
              }while(ch!='\n');
           printf("num=%d\n",num);
}
```

【案例 5.8】网络贷款案例。

你看中了一款大概要 8 千多元的手机，但是你家里面没有给你这个预算。现在有一种"校园贷"，如果贷 10 000 元，签订 8 个月的偿还期限，日利率只有 8‰。请计算 8 个月后需要偿还多少钱，编写程序分别用 while 和 do-while 语句实现。提示：本金为 10 000，日利息为 8‰，月利息为 24%。

方法一：用 while 语句实现

```
#include "stdio.h"
int main()
{          float capital=10000,interest=0.24;
                           int month=1;
           while (month<=8)
           {          capital*=(1+interest);

                      month+=1;
           }
printf("8 个月后需还 %.2f 元 \n",capital);
}
```

方法二：用 do-while 语句实现

```
#include "stdio.h"
int main()
{          float capital=10000,interest=0.24;
                           int month=1;
           do
           {          capital*=(1+interest);
                      month+=1;
           }while(month<=8);
printf("8 个月后需还 %.2f 元 \n",capital);
}
```

程序运行结果为：

8 个月后需还 55 895.07 元

5.4　for 循环

C 语言中，使用 for 语句也可以控制一个循环，并且在每一次循环时修改循环变量。在循环语句中，for 语句的应用最为灵活，不仅可以用于循环次数已经确定的情况，而且可以用于循环次数不确定而只给出循环结束条件的情况，它完全可以代替 while 语句。下面将对 for 语句的循环结构进行详细的介绍。

for 循环结构的一般形式为：

for(表达式 1; 表达式 2; 表达式 3)

循环体语句 ;

其中，表达式 1 为循环开始前为循环变量设置初始值；表达式 2 为控制循环执行的条件，决定循环次数；表达式 3 为循环控制变量修改表达式。

每条 for 语句包含 3 个用分号隔开的表达式。这 3 个表达式用一对圆括号括起来，其后紧跟着循环语句或语句块。当执行到 for 语句时，程序首先计算表达式 1 的值，接着计算表达式 2 的值；如果表达式 2 的值为真，程序就执行循环体的内容，并计算表达式 3；然后检验表达式 2，若为真，则执行循环；如此反复，直到表达式 2 的值为假，退出循环。

【注意】

（1）循环体如果有一条以上的语句，应该用花括号括起来，用 { } 括起来的一组语句称为复合语句，在逻辑上看成一个语句。复合语句可以放在任何单语句出现的地方，在复合语句中可以定义变量。如果只有一条语句，花括号可以省略。

（2）单个分号组成的语句称为空语句。要注意，for() 后如果有分号，则循环体为空语句。例如：

```
for(i=1;i<=100;i++) ;sum=sum+i;
```

程序段本意是想求 1+2+…+100 的累加和，结果因为 for() 后的分号，导致循环过程中未做任何加法操作，结果出错。

（3）for 语句中的表达式可以省略任意一个，也可以都省略，但“;”不能省略，且 for 语句形式变化多样。例如，以下 for 循环程序段可以改变成如下形式：

```
s=0;  for( i=1; i<=5; i++)          s+=i;
形式 1：for(s=0,i=1;  i<=5; i++)    s+=i;    //2 个初值，逗号隔开
形式 2：s=0; i=1;  for(  ;  i<=5;  i++)s+=i;// 省略表达式 1，初值放到 for 循环外执行
形式 3：for(s=0,i=1;  ; i++ ){  s=s+i; if(i>5) break; }// 省略表达式 2，用 break 语句中断循环
形式 4：s=0;        for(i=1;  i<=5; ) s+=i++;// 省略表达式 3，在循环体内执行，保证循环能正常结束
形式 5：s=0;for(i=1,j=5; i<j; i++,j-- ) s+=i+j;      // 多个表达式 3，用逗号隔开
形式 6：s=0;i=1;   for(  ; i<=5;  )s+=i++;            // 省略表达式 1 和表达式 3
形式 7：s=0; i=1; for(  ;  ;  )          { s+=i++;  if(i>5) break;   }// 省略 3 个表达式
形式 8：s=5;i=5;for(  ;--i;  )          s+=i;            // 表达式 2 是任意表达式
```

for 语句 3 个表达式都可以是逗号表达式，且都可以是任选项，即都可以省略，但要注意，省略表达式后分号间隔符不能省略。

for 循环是一种优秀的循环结构，是 3 种循环语句中形式上最为规范的一种循环结构，

C 语言给予 for 循环非常灵活的形式和强大的功能，比其他语言要强得多。for 循环的 4 个部分并非严格划分的，允许有一定的交叉，但不建议破坏划分的功能结构，而应在程序设计中尽量遵守，从而使程序易于控制和维护，并且保持其所具有的其他两种循环难得的易读性，不建议过分追求 for 语句的多变性。

一般情况下，3 种循环可以互相代替。

在 while 和 do…while 循环中，循环体应包含使循环趋于结束的语句（如 i++）。

使用 while 和 do…while 循环时，循环变量初始化的操作应在 while 和 do…while 语句之前完成。而 for 语句可以在表达式 1 中实现循环变量的初始化。

While()、do…while() 和 for() 循环都可以用 break 语句跳出循环，用 continue 语句结束本次循环。

【案例 5.9】用 for 实现 1+2+3+…+100（改写【案例 5.1】）。

```
#include <stdio.h>
void main()
{   int i,s;
    for(i=1,s=0;i<=100;i++)          s = s + i;
    printf("s=%d\n",s);  }
```

【思考】参考上面案例，求偶数和 2+4+6+…+100。

【案例 5.10】求累乘之积 1×2×3×…×100。

```
#include <stdio.h>
void main()
{   double  s=1;  int k;
    for(k=1;k<=100;k++)  s=s*k;
    printf(" s=%lf ",s);
}
```

整数连乘结果一定是整数，而本例中结果数值相当大，用 long 型都无法存放，因此将存放累乘结果的变量 s 定义为 double 型。

【思考】请读者参考本案例，编程求奇数积 1 × 3 × 5 × … × 99。

【案例 5.11】求自然数 1 ~ 100 中能被 3 整除的数之和。

本例和【案例 5.1】非常类似，可以修改 for 循环的表达式 1 和表达式 3 实现，程序如下：

```
#include <stdio.h>
void main()
{   int i,s=0;
    for(i=3;i<=100;i+=3) s+=i;  // 初值设置为 3，每次循环 +3
    printf("\n %d",s);   }
```

当然，也可以直接在【案例 5.1】程序的基础上，将 for 语句修改如下：

```
for(i=1;i<=100;i++)  if(i%3==0)  s+=i;      // 在循环体内判断 i 是否能被 3 整除
```

5.5 循环嵌套

若一个循环体中包含另一个完整的循环结构，则称此为循环的嵌套或多重嵌套（多层嵌套）。使用循环嵌套时，3 种循环语句既可以自身嵌套，也可以互相嵌套。例如以下几种嵌套形式。

（1）while 结构中嵌套 while 结构。

```
while ()
  {…
          while ()
          …
  }
```

（2）for 结构中嵌套 for 结构。

```
for (;;)
  { …
          for (;;)
          …
  }
```

（3）do...while 结构中嵌套 do...while 结构。

```
do{ …
        do{
                …
        }while ();
        …
}while ();
```

（4）for 结构中嵌套 while 结构。

```
for( ; ;)
{…
    while()
          {…}
 …
}
```

（5）do-while 结构中嵌套 for 结构。

```
do
{…
        for( ; ;)
          {…}
…
}while();
```

（6）while 结构中嵌套 for 结构。

```
while()
{…
        for( ; ;)
          {…}
…
}
```

（7）for 结构中嵌套 do–while 结构。

```
for(;;)
{…
        do
        {
          …
        } while()
}
```

（8）3 种循环互相嵌套。

```
for( ; ;)
{   …
        do
        {   …
        }while();
        …
                while()
                {   …   }
        …
    …
}
```

循环嵌套实际上是语句的复杂化，循环原来的一条语句复杂化成另外一个循环结构。在循环嵌套中，外层循环执行一次，内层循环执行一轮（即执行完自己的循环）。内层循环控制可以直接引用外层循环的相关变量，但不要轻易改变外层循环控制变量的值。

【案例 5.12】编程计算 s=1+(1+2)+(1+2+3)+…+(1+2+3+4+…+10)。

```
#include <stdio.h>
void main()
{   int i,j,s;
    for（i=1,s=0;i<=10;i++）
            for（j=1;j<=i;j++）s=s+j;
            printf（"s=%d\n",s）;  }
```

运行结果为:

s=220

【案例 5.13】输出图形。

采用双重循环，一行一行地输出。外层循环语句主要控制行的变化，共 4 行，行号用 k 表示；内层循环语句主要控制每一行输出内容，分 3 步。第一步，光标定位，每行先输出 $4-k$ 个空格；第二步，输出图形，每行有 $2k-1$ 个 * 号；第三步，每输完一行光标换行（\n）。

```
#include"stdio.h"
void main()
{   int  k, k1;
    for(k=1;k<=4;k++)                  // 控制输出行数为 4 行
```

```
    { for(k1=k;k1<4;k1++) putchar(' '); // 每行输出 4-k 个空格，实现光标定位
      for(k1=1;k1<=k*2-1;k1++) putchar('*');   // 每行输出 2k-1 个 * 号
      putchar('\n');        }
}
```

运行结果如图 5.1 所示。

```
   *
  ***
 *****
*******
```

图 5.1 【案例 5.13】输出图形

5.6 循环的中途退出

程序中的语句通常总是按顺序方向，或按语句功能所定义的方向执行。如果需要改变程序的正常流向，可以使用改变循环执行状态的语句，使程序从其所在的位置转向另一处，常见的有以下 3 种语句。

- break 语句——提前终止循环。
- continue 语句——提前结束本次循环。
- goto 语句——提前终止多重循环。

5.6.1 break 语句

switch 结构中可以用 break 语句跳出结构去执行 switch 语句的下一条语句，见图 5.2。

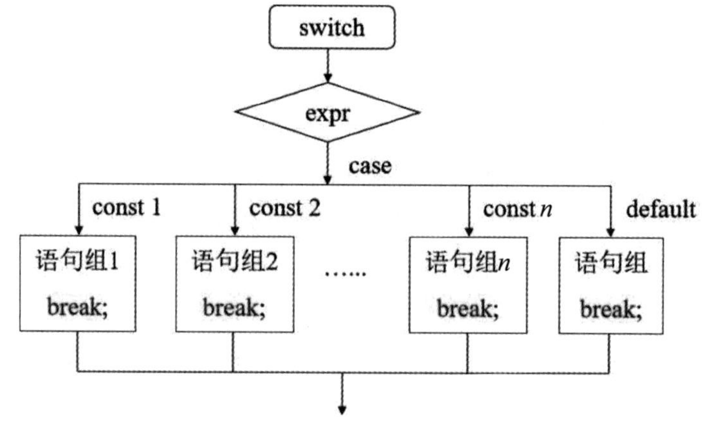

图 5.2 break 改变 switch 流程

实际上，break 语句也可以用来从循环体中跳出，转去执行后面的程序。

【注意】

（1）一般来说，break 改变循环状态，可以与 if 语句连用。例如：

for（i=1;i<100;i++）　　if（i>100）break;　　　　// 当变量 i>100 时退出循环。

（2）break 语句不能用于循环语句和 switch 语句之外的任何其他语句中。

（3）出现在循环体中的 break 语句可以使循环结束。若在多层循环体中使用 break 语句，则只结束本层循环。break 改变循环状态流程如图 5.3 所示。

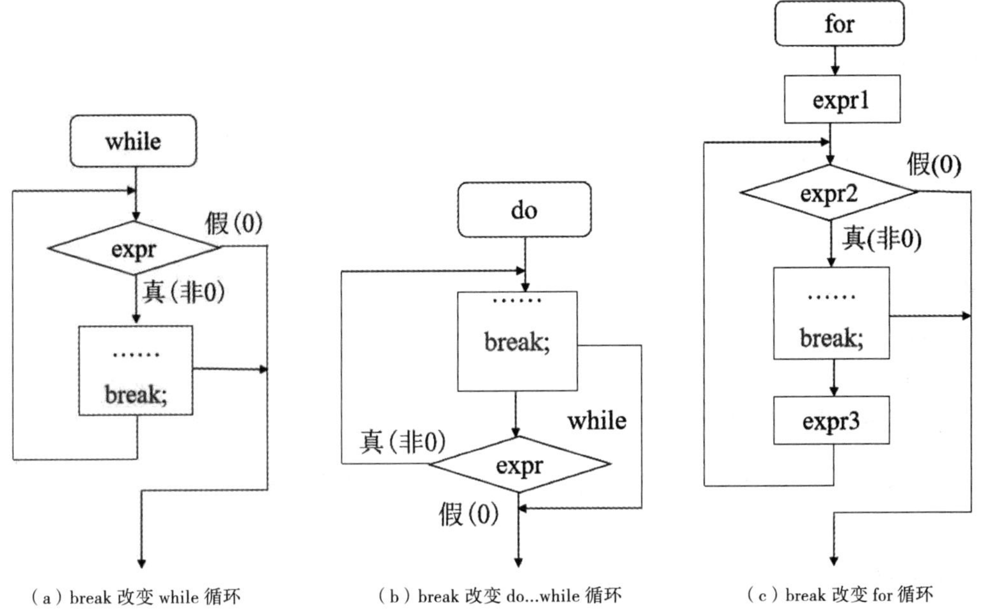

（a）break 改变 while 循环　（b）break 改变 do...while 循环　（c）break 改变 for 循环

图 5.3　break 改变循环流程

【案例 5.14】使用 for 语句输出 50 个“*”。

方法一：用 for 语句控制数量

```
#include <stdio.h>
main()
{       int i;
        for(i=1;i<=50;i++)
        {       printf("*");      }
```

方法二：用 break 控制数量

```
#include <stdio.h>
main()
{       int i;
        for(i=1;  ;i++)
                {       if(i>50)  break;
                printf("*");      }
}
```

【案例 5.15】编写程序，实现输入一个整数，判断此数是否为素数。

```
#include <stdio.h>
void main()
{  int i,m;  scanf("%d",&m);
```

```
    for(i=2;i<=m-1;i++)
    {         if(m%i==0)                  break;  }
    if(i<=m-1)                  printf(" 该数不是素数 !\n");
    else                printf(" 该数是素数 !\n");  }
```

运行程序，输入不同数据 13 和 15，可得到 13 是素数、15 不是素数的结论。

【案例 5.16】求 300 以内能被 17 整除的最大的数。

```
#include "stdio.h"
void main()
{   int x,k;
    for(x=300; x>=1; x--)  if(x%17==0) break;  // 找到满足条件的最大数，结束循环
    printf("x=%d\n",x);
}
```

程序运行结果为：

x=289

5.6.2 continue 语句

continue 语句只能用在循环里，它的作用是跳过循环体中剩余的语句而执行下一次循环，见图 5.4。语句形式为：

continue;

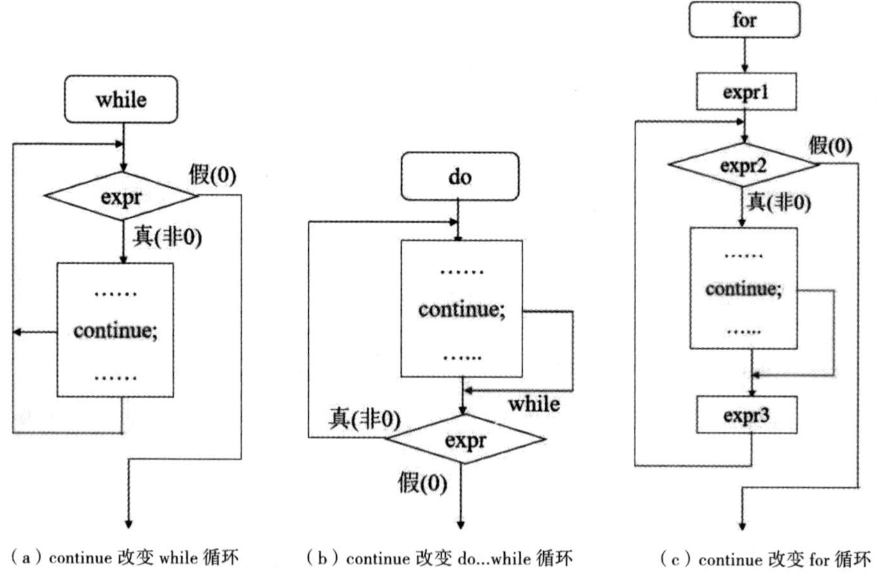

（a）continue 改变 while 循环　（b）continue 改变 do...while 循环　（c）continue 改变 for 循环

图 5.4　break 改变循环流程

从图 5.3 和图 5.4 可知，与 break 语句退出循环不同的是，continue 语句只结束本次

循环，接着进行下一次循环的判断，如果满足循环条件，继续循环，否则退出循环，而 break 语句则是结束本层整个循环。

【案例 5.17】求 300 以内能被 17 整除的最大的数（用 continue 实现循环状态改变）。

与【案例 5.16】要求相同，采用另一种方法来实现，程序如下：

```
#include "stdio.h"
void main()
{   int x;
    for(x=1;x<=300;x++)                    // 从 0 开始递增，判断每一个数
    {       if(x%17!=0) continue;          // 如果不能被 17 整除，转去判断下一个数
            printf("%d\t",x);              }
}
```

【案例 5.18】break 与 continue 对比。

```
#include <stdio.h>
main()
{   int i,s;
    for(i=1,s=0;i<=10;i++)
    {       if(i%2==0)      continue;
            if(i%10==7)     break;
            s=s+i;   }
    printf("s=%d\n",s);   }
```

根据程序，当 i 是偶数的时候，结束本次循环，继续下一个循环；当 i 的个位数是 7 的时候，结束循环退出；其他情况累加到 s 中，所以实际累加的数只有 1、3、5，结果为 9。

因此，本程序执行结果是：

s=9

【案例 5.19】编程输出 100 ~ 200 之间不能被 3 整除的数。

方法一：采用 for 循环和 if 联合使用

```
#include <stdio.h>
int main()
{       int n;
        for(n=100;n<=200;n++)
        {       if (n%3!=0)
                printf("%d ",n);
        }
}
```

方法二：采用 continue 改变 for 循环状态

```
#include <stdio.h>
int main()
{       int n;
        for(n=100;n<=200;n++)
        { if (n%3==0)  continue;
          printf("%d ",n);        }
        printf("\n");
}
```

运行结果如下：

100 101 103 104 106 107 109 110 112 113 115 116 118 119 121 122 124 125 127 128 130 131 133 134 136 137 139 140 142 143 145 146 148 149 151 152 154 155 157 158 160 161 163 164 166 167 169 170 172 173 175 176 178 179 181 182 184 185 187 188 190 191 193 194 196 197 199 200

5.7 常用循环算法举例

5.7.1 典型应用（一）：筛选具有某性质的数

【案例 5.20】求所有三位数中的水仙花数，水仙花数的每个数字的立方和等于该水仙花数。例如，153=1*1*1+3*3*3+5*5*5。

```
#include<stdio.h>
void main()
{   int i,j,k,num;
    printf(" 水仙花数：");
    for(num=100; num<1000; num++)
    {       i=num/100;    j=num/10-i*10;        k=num%10;
            if(num==i*i*i+j*j*j+k*k*k)          printf("%d ",num);      }
    printf("\n",num);
}
```

程序运行结果：

水仙花数：153 370 371 407

【案例 5.21】"韩信点兵"。

汉高祖刘邦曾问大将韩信："你看我能带多少兵？"韩信斜了刘邦一眼说："你顶多能带十万兵吧！"汉高祖心中有三分不悦，心想：你竟敢小看我！"那你呢？"韩信傲气十足地说："我呀，当然是多多益善啰！"刘邦心中又添了三分不高兴，勉强说："将军如此大才，我很佩服。现在，我有一个小小的问题向将军请教，凭将军的大才，答起来一定不费吹灰之力的。"韩信满不在乎地说："可以可以。"刘邦狡黠地一笑，传令叫来一小队士兵隔墙站队，刘邦发令："每三人站成一排。"队站好后，小队长进来报告："最后一排只有二人。""刘邦又传令："每五人站成一排。"小队长报告："最后一排只有三人。"刘邦再传令："每七人站成一排。"小队长报告："最后一排只有二人。"刘邦转脸问韩信："敢问将军，这队士兵有多少人？"请设计程序计算满足余数要求的最少的士兵人数。

假设每次排兵布阵的余数分别是 n、m、b，通过输入来决定。按照小队长的报告，士兵总人数应该是除 3 的余数为 *n*，除 5 的余数为 *m*，除 7 的余数为 *b* 的数。编写程序如下：

```
#include<stdio.h>
int main()
{   int n,m,b,i;      scanf("%d%d%d",&n,&m,&b);
    for(i=13;  ;i++)
    {         if(i%3==n&&i%5==m&&i%7==b)
              {         printf("%d\n",i);         break;            }
              }
    return 0;          }
```

运行程序，输入三次排兵布阵剩余人数 2 3 2，则计算最少士兵数为：

23

5.7.2　典型应用（二）：求序列的前 *n* 项（递推法）

递推法是计算机数值计算中的一个重要方法，它是在已知第一项（或几项）的情况下，要求能得出后面项的值。这种方法的关键是找出递推公式和边界条件。

【案例 5.22】计算并且输出 1!+2!+3!+…+*n*! 的和 (其中 *n* ≤ 10)，*n* 由键盘输入。

编写程序：

```
#include<stdio.h>
void main()
{   int n,i,s,j,b;  scanf("%d",&n);
    for(i=1,s=0;i<=n;i++)
    {         for(j=1,b=1;j<=i;j++)              {b=b*j;}
              s=s+b;  }
    printf("%d\n",s);
}
```

运行程序，输入 10，程序运行结果为：

4037913

【案例 5.23】计算 Fibonacci 数列前 40 项的和。

Fibonacci 数列的特点是，前两个数为 1,1，从第 3 个数开始，每个数都是前面两个数的和。即：$f_1=1, f_2=1$，则 $f_n=f_{n-1}+f_{n-2}$（$n \geqslant 3$）。

很显然，Fibonacci 数列依次为：1,1,2,3,5,8,13,21,34,…，程序如下：

```
#include<stdio.h>
void main()
{   int f1,f2,f;        int i;  long s=0;  f1=f2=1;
    for(i=1;i<=38;i++)  /* 已经有两个数，只要再产生 38 个数即可 */
```

```
    {        f=f1+f2;        s=s+f;   f1=f2;   f2=f;   }
             printf("%ld\n",s);
    }
```

运行结果为：

267914293

【思考】如果要输出 Fibonacci 数列的前 40 项，应该怎样修改程序呢？

【拓展延伸】猴子吃桃问题。

猴子第 1 天摘下若干桃子，当即吃了一半，还不过瘾，又多吃了一个；第 2 天早上将剩下的桃子又吃掉一半，又多吃一个。以后每天早上都吃前一天剩下的一半零一个。到第 10 天早上想再吃时，只剩下一个桃子。求第一天共摘了多少个桃子。

5.7.3 典型应用（三）：遍历（穷举）问题

穷举法常常也称之为枚举法。它是指在进行归纳推理时，如果逐个考察了某类事件的所有可能情况，因而得出一般结论，那么这结论是可靠的，这种归纳方法叫作穷举法。穷举法是利用计算机运算速度快、精确度高的特点，对要解决问题的所有可能情况，一个不漏地进行检验，从中找出符合要求的答案，因此穷举法是通过牺牲时间来换取答案的全面性。

【案例 5.24】百钱百鸡问题。

我国古代数学家张丘建在《算经》一书中提出一个数学问题：鸡翁一值钱五，鸡母一值钱三，鸡雏三值钱一；百钱买百鸡，问鸡翁、鸡母、鸡雏各几何。

1）案例分析

用计算机来推算，可以设公鸡为 x，母鸡为 y，小鸡为 z，那么可以得出如下不定方程：$x+y+z=100$（100 只鸡）；$5x+3y+z/3=100$（花费 100 钱）。

下面再看看 x，y，z 的取值范围。由于只有 100 文钱，则 $5x<100$ 得出 $0<x<20$，同理，$0<y<33$，那么 $z=100-x-y$。满足以上条件，就符合要求。

2）编程设计

```
#include <stdio.h>
void main()
{   int x,y,z;
    printf(" 公鸡 母鸡 小鸡 \n");
    for(x=0;x<20;x++)
            for(y=0;y<33;y++)
            { z=100-x-y;
             if(x*5+y*3+z/3==100&&z%3==0)      printf("%-6d%-6d%-6d\n",x,y,z);  }
}
```

程序运行结果为：

```
公鸡 母鸡 小鸡
 0    25   75
 4    18   78
 8    11   81
 12   4    84
```

第 6 章　数组

数组是相同类型数据的有序集合，即数组由若干数组元素组成，其中的所有元素都属于同一个数据类型，且它们的先后顺序是确定的。数组中的元素称为数组元素，也称为下标变量。数组属于构造数据类型。一个数组可以分解为多个数组元素，这些数组元素可以是基本数据类型或是构造类型。因此，按数组元素的类型不同，数组又可分为数值数组、字符数组、指针数组、结构数组等各种类别的数组。

6.1　一维数组

有时，需要存储一批同类型的数据，如求 10 个数的均值和方差。这时，可以定义 10 个 double 型的变量 $n_1, \cdots, n_{10}$，然后将 10 个数相加后除 10，得到均值。再通过这 10 个数和均值求得方差。但是，要是求 100 个数的均值和方差就要定义 100 个变量。而且程序只能用顺序结构，如果数字个数发生变化，程序就得重写，非常麻烦。如果采用数组，就可以很好地解决这个问题。

数组是保存一组同类元素的数据类型，它有如下两个特征。

• 数组元素是有序的。

• 数组元素是同类型的。

6.1.1　一维数组的定义

C 语言中，使用数组前必须先进行数组的定义。

定义一个一维数组的一般形式为：

数据类型 数组名 [长度];

定义数组就是定义了一块连续的空间，空间的大小等于元素数 × 每个元素所占的空间大小。数组元素按顺序存放在这块空间中。数组名记录了这块空间的起始地址。

例如，int a[5]; 定义了一个一维整型数组，数组名为 a，有 5 个数组元素。这 5 个元素分别为 a[0]、a[1]、a[2]、a[3]、a[4]。每个数组元素都是整型，占 4 个字节，所以数组 a 占用了 20 个字节。如果这块空间的起始地址为 100，那么在内存中的存储情况如图 6.1 所示。

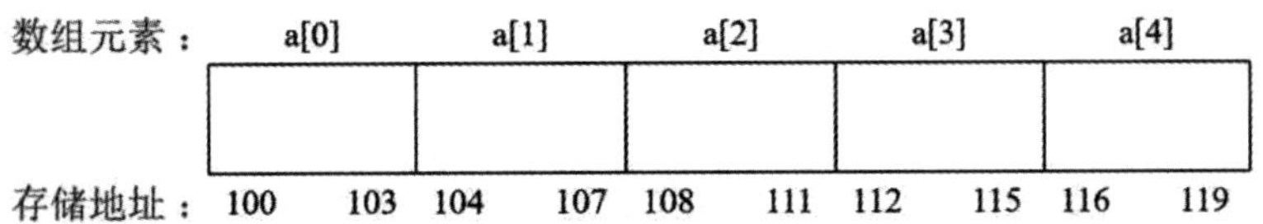

图 6.1　一维数组元素存储空间表示图

【说明】

（1）数组名用合法的标识符命名，与变量的命名方法相同。

（2）方括号中的长度表示数组的长度，也即数组元素的个数。

（3）数组元素的下标序号从 0 开始。如上面 a[5] 中的 5 表示 a 数组有 5 个元素，下标从 0 开始，注意不能使用数组元素 a[5]。C 语言不检查数组下标的超界，因此，程序员自己需要在对下标变量进行操作前，先检查下标的合法性。

（4）C 语言不允许对数组的大小做动态定义，即定义行中的数组长度可以包括常量和符号常量，但不能包括变量。

例如：

```
int  n=10;  int  a[n]; /* 定义是错误的， 因为 n 为变量 */
#define N 10
main()
{   int a[N];                            /*N 为符号常量，定义是正确的 */
 …}
```

（5）数组元素具有定义行中指定的数据类型。它可以是任一种基本数据类型或构造数据类型。同一数组中所有元素的数据类型都是相同的。下面是常见的一维数组的定义：

```
int a[10];                      /* 定义整型数组 a，它有 10 个元素 */
char        str[20];                      /* 定义字符型数组 str，它有 20 个元素 */
float b[5],c[10];    /* 定义实型数组 b 和 c，b 数组有 5 个元素，c 数组有 10 个元素 */
```

6.1.2　一维数组的存储和初始化

一般可以用两种方式对数组元素赋值：一种是用赋值语句或输入语句给数组元素赋值，但这是在程序运行中进行的，需占用运行时间；另一种方式是在数组定义时给数组元素赋以初值。这两种方式称为数组的初始化。

对一维数组的初始化通常可以采用以下方式进行。

（1）对数组的全部元素赋初值。

例如：

int num[5]={1,2,3,4,5};　/* 将数组元素的初值依次放在一对花括号内，经过上述定义及初始化之后，num[0]=1, num[1]=2, num[2]=3, num[3]=4, num[4]=5*/

（2）对数组的部分元素赋初值。

例如：

int num[5]={1,2,3}; // 只给前 3 个元素赋初值，其余 2 个元素的值为 0

（3）对全部数组元素赋初值时，可以不指定数组的长度。

例如：

int num[ ]={1,2,3,4,5}; // 缺省的数组长度为 5

（4）当数组指定的元素个数小于初值的个数时，做语法错误处理。

例如：

int num[4]={1,2,3,4,5}; // 是不合法的，因为 num 数组只能有 4 个元素

（5）对数组中的元素初始化时，括号中只有一个零。

例如：

float d[4]={0};   //4 个元素的初值都为 0.0

数组元素是通过数组名及元素的序号来指定，如 a[2]。当数组的大小为 n 时，元素的序号为 0~ n–1。程序中，数组元素下标可为整数、整型变量或结果为整型的任意表达式。正是这一特性，使得数组的应用非常灵活。

6.1.3 一维数组元素的引用

数组在定义之后即可引用其中的数组元素，其引用形式为：

数组名 [下标]

【说明】

（1）引用时下标可以是常量、变量或表达式。

例如：

a[i],a[2*3];

下标只能为整型常量或整型表达式。如果为小数，C 语言编译时将自动取整。

（2）数组元素的下标范围要在 0 到数组长度减 1 之间，不能超过此范围。

（3）C 语言中只能逐个引用数组元素，而不能一次引用整个数组。

例如，有数组定义为 int a[10]; ，则可对 a[0]~a[9] 十个元素进行赋值、算术运算等各种操作，但是不能对 a 直接进行操作。例如：

a[0]=10;a[0]++;a[1]=10+a[0];// 都是正确的引用

但是 a++; 和 a=10; 就都不是正确的。数组名代表计算机随机分配给数组这段空间的起始地址，一旦定义，这个地址就是一个常量，不能被修改，也不可以直接用 a 代表 10 个元素。如想要将数字 0~9 存入一个整型数组 a 中，并输出。例如：

int a[10];

a={0,1,2,3,4,5,6,7,8,9} // 不合法，不能一次引用整个数组

printf(“%d”, a);   // 不合法，不能一次引用整个数组

这样做是行不通的，正确的处理方式应该是单个处理每个元素，例如，采用循环结构处理：

```
int a[10];   int i;
    for(i=0;i<10;i++)
    {          a[i]=i;   printf("%d",a[i]);          }
```

【案例 6.1】定义一个名称为 a 并含有 10 个元素的整型数组，然后依次把 1, 2, 3, …, 10 这 10 个数存入元素 a[0], a[1], a[2] ,…, [9]，最后求出这 10 个数的和。

方案 1：采用顺序结构处理

```
#include<stdio.h>
void main()
{   int a[10], s;
   a[0]=1;  a[1]=2;  a[2]=3;  a[3]=4;  a[4]=5; a[5]=6;  a[6]=7;  a[7]=8;  a[8]=9;  a[9]=10;
   s=a[0]+a[1]+a[2]+a[3]+a[4]+a[5]+a[6]+a[7]+a[8]+a[9];
   printf("a[0]+a[1]+…+a[9]=%d",s);
}
```

方案 2：采用循环结构处理

```
#include<stdio.h>
void  main()
{  int a[10], i, s=0;
   for(i=0; i<=9; i++)  a[i] = i+1;
   for(i=0; i<=9; i++)  s = s+ a[i];
   printf("a[0]+a[1]+…+a[9]=%d",s);   }
```

对比以上两个程序不难发现，顺序结构程序虽然简单但是程序繁冗，如果采用顺序结构程序处理数组，这和定义 10 个变量 a0,a2,…,a9，依次对变量赋值和处理是一样的。这样处理体现不了数组的优越性，一般来说，数组总是和循环结合使用。

【案例 6.2】对 10 个数组元素依次赋值为 0,1,…,8,9，要求按逆序输出。

```
#include <stdio.h>
void main(   )
{   int i,a[10];
    for(i=0; i<=9;i++)        a[i]=i;  // 用循环初始化数组中 10 个元素
    for(i=9;i>=0; i--)        printf("%d ",a[i]);        // 用循环逆序输出数组中 10 个元素
    printf("\n");
}
```

6.1.4 一维数组的应用

【案例 6.3】输入 10 个学生的某一门功课成绩，求出这些学生该门功课的平均成绩、最高分和最低分。

```
#include <stdio.h>
#define N 10
void main()
{  int score[N],i,max,min;           // 定义成绩数组 score、最高分 max、最低分 min
   float ave=0;                                  // 定义平均分 ave
   for(i=0;i<N;i++)        scanf("%d",&score[i]);          // 循环输入成绩
   max=score[0];  min=score[0];          // 初始化变量
   for(i=0;i<10;i++)
   {        ave=ave+score[i];                               // 累加求总成绩
            if(score[i]>max) max=score[i];            // 求最高分
            if(score[i]<min)  min=score[i];            // 求最低分    }
   ave=ave/10.0;        // 求平均成绩
   printf(" 平均分 %.2f, 最高分 %d, 最低分 %d.\n",ave,max,min);   }
```

运行程序，输入成绩：98 95 84 76 88 83 31 79 67 84，则运行结果为：

平均分 78.50, 最高分 98, 最低分 31

【案例 6.4】用数组求 Fibonacci 数列的前 20 项。

在第 5 章已经练习过用循环的方式产生该数列，下面用数组的方式来实现。

```
#include <stdio.h>
void main()
{  int i;    int f[20]={1,1};
   for(i=2;i<20;i++)        f[i]=f[i-2]+f[i-1];
   for(i=0;i<20;i++)
{  if(i%5==0) printf("\n");          printf("%6d",f[i]);        }
}
```

【案例 6.5】输入 10 名同学的成绩，从大到小排序并输出。

采用逐个比较的方法进行。在 i 次循环时，把第一个元素的下标 i 赋予 p，而把该下标变量对应的数组元素的值 a[i] 赋予 q。然后进入小循环，从 a[i+1] 起到最后一个元素止，逐个与 a[i] 比较，有比 a[i] 大者，则将其下标赋予 p，元素值赋予 q。一次循环结束后，p 即为最大元素的下标，q 为该元素值。若此时 $i \neq p$，则说明 p 和 q 值均已不是进入小循环之前所赋之值，因此交换 a[i] 和 a[p] 之值。编写程序如下：

```
#include <stdio.h>
```

```
void main()
{  int i,j,p,q,s,a[10];
   printf(" 输入 10 个学生成绩：\n");
   for(i=0;i<10;i++)  scanf("%d",&a[i]);  /* 通过 for 循环语句对数组 a 赋值 */
   for(i=0;i<10;i++)        // 外循环
   {          p=i;q=a[i];
              for(j=i+1;j<10;j++)  // 内循环，逐个与外循环确定的数组元素比较
                        if(q<a[j]) {  p=j;q=a[j]; } // 比外循环的元素大就交换
                        if(i!=p)
                        {          s=a[i];  a[i]=a[p];          a[p]=s;          }          }
   printf(" 成绩排序为：");
   for(i=0;i<10;i++)  printf("%-4d",a[i]); // 循环输出成绩
   printf("\n");      }
```

运行程序，输入 10 个学生成绩：95 93 91 96 86 84 90 85 77 100，则运行结果为：

成绩排序为：100 96 95 93 91 90 86 85 84 77

排序算法很多，如比较排序法、选择排序法、冒泡排序法、快速排序法、插入排序法等。

比较排序法基本思路是以第一个数据作为基点，将后面的所有数据与它进行比较，若不满足大小顺序关系就交换它们；再以第二个数据作为基点，将后面的所有数据与它进行比较，若不满足大小顺序关系就交换它们；以此类推，最后以倒数第二个数据作为基点，将后面的数据与它进行比较，若不满足大小顺序关系就交换它们。比如上例程序就是利用比较排序法。

选择排序法基本思路是以第一个数据作为基点，找出基点及其后面数据中最大的数据，将其与基点位置的数据交换；再以第二个数据作为基点，找出基点及其后面数据中最大的数据，将其与基点位置的数据交换；以此类推，最后以倒数第二个数据作为基点，找出基点及其后面数据中最大的数据，将其与基点位置的数据交换。比如上面案例，也可以修改如下：

```
#include <stdio.h>
void main()
{  int i,j,max,temp,a[10];
   printf(" 输入 10 个学生成绩：\n");
   for(i=0;i<10;i++) scanf("%d",&a[i]); /* 通过 for 循环语句对数组 a 的各个元素赋值 */
           for (i = 0; i < 10; ++i)    /* 选择排序 */
           {  max =i;
              for (j = i;j<10; ++j)
```

```
            f ( a[j]>a[max] ) max= j; /* 如果基点后的数大于基点数，则交换两数 */
            temp = a[i]; a[i] = a[max]; a[max] = temp; }
    printf("成绩排序为：");
    for(i=0;i<10;i++) printf("%-4d",a[i]); // 循环输出成绩
    printf("\n");
}
```

对于 n 个元素的排序来说，找出第一个元素要比较 n 次，找出第二个元素要比较 $n-1$ 次，……，找出第 n 个元素比较 1 次。因此，总的比较次数为：

$$1+2+3+\cdots+n=n(n+1)/2$$

冒泡排序法的基本思路是将相邻的两个数比较，把大的调换到前面。例如：

```
#include <stdio.h>
void main()
{   int i,j,t,a[10];
    printf("输入 10 个学生成绩：\n");
    for(i=0;i<10;i++) scanf("%d",&a[i]); /* 通过 for 循环语句对数组 a 的各个元素赋值 */
    for(i=0;i<=9;i++)
{     for(j=0;j<=9;j++)              /* 相邻的两个数比较，把大的调换到前面 */
      if(a[j]<a[j+1]) {t=a[j];a[j]=a[j+1];a[j+1]=t;}
      }
    printf("成绩排序为：");
    for(i=0;i<10;i++) printf("%-4d",a[i]); // 循环输出成绩
    printf("\n");
}
```

这样设计的程序，对于 n 个元素的排序来说，冒出第一个最大的泡需要比较 n 次，然后对剩下的元素进行第二次冒泡，需要比较 $n-1$ 次，……，依次执行到最后一个元素。因此，总的比较次数依然是为：

$$1+2+3+\cdots+n=n(n+1)/2$$

如果设计一个标志，在一次起泡过程中没有发生交换，则表示数据都已排好序，不需要再进行起泡。上面案例程序可以优化如下：

```
#include <stdio.h>
void main()
{   int i,j,t,a[10],flag;              /* 增加标记 flag*/
    printf("输入 10 个学生成绩：\n");
    for(i=0;i<10;i++) scanf("%d",&a[i]); /* 通过 for 循环语句对数组 a 的各个元素赋值 */
    for(i=0;i<=9;i++)
```

```
    {       flag=0;                 /* 每一轮冒泡，首先假定 flag 初值为 0*/
            for(j=0;j<=9;j++)       /* 相邻的两个数比较，把大的调换到前面 */
            if(a[j]<a[j+1])
                    {t=a[j];a[j]=a[j+1];a[j+1]=t; flag=1;} /* 如果有交换，则 flag 置 1*/
            if(flag==0) break;      /* 一轮冒泡结束，判断是否进行了交换，假如 flag
为 0，即在一次起泡过程中没有发生交换，则表示数据都已排好序，不需要再进行起泡 */
    }
    printf(" 成绩排序为：");
    for(i=0;i<10;i++)  printf("%-4d",a[i]); // 循环输出成绩
            printf("\n");
}
```

6.2 二维数组

数组的每一个元素又是数组的数组称为多维数组。C 语言允许使用多维数组。最常用的多维数组是二维数组，即元素是一维数组的二维数组，又称为矩阵。实质上二维数组就是由一维数组组成的。

6.2.1 二维数组的定义

二维数组定义的一般形式为：

数据类型 数组名 [常量表达式 1][常量表达式 2];

常量表达式 1 表示行数，常量表达式 2 表示列数。

例如，int a[2][3]; 定义 a 为 2 行 3 列的整型数组，有 $2 \times 3=6$ 个元素，分别是 a[0][0]、a[0][1]、a[0][2]、a[1][0]、a[1][1]、a[1][2]。

C 语言中，二维数组的元素在存储空间中的存放方式是按行存放的，即存完第一行之后接着存放第二行，每行数据按下标规定的顺序由小到大存放。如上述数组 a 的存储空间如图 6.2 所示。

a[0]行			a[1]行		
a[0][0]	a[0][1]	a[0][2]	a[1][0]	a[1][1]	a[1][2]

图 6.2 二维数组存储空间表示图

6.2.2 二维数组元素的引用

二维数组元素的引用形式为：

数组名 [行下标][列下标]

下标可以是整型常数或整型表达式，例如，s[2][1+3] 和 a[i][j] 等，但不能写成 s[2,1+3] 和 a[i,j] 的形式。

请注意区分数组的定义和数组元素的引用。两者从形式上看有些相似，但含义却完全不同。例如，int s[3][4]; 是定义一个 3 行 4 列的整型数组 s，它有 12 个元素，行最大允许下标为 3−1=2，列最大允许下标为 4−1=3。

而 s[2][1]=5; 表示将数值 5 赋给 s[2][1] 这个数组元素。

但是要注意的是，s[3][4]=2; 为错误引用，因为 s[3][4] 超过了数组 s 的范围。

程序设计时，通常用循环变量控制数组元素的下标，以实现数组元素的引用，例如：

```
for (int i = 0; i < 3; i++)              // 循环遍历行
   {  for (int j = 0; j < 4; j++)                // 循环遍历列
           {  printf("[%d][%d]: %d ", i, j, a[i][j]);   }
    printf("\n");              // 每一行的末尾添加换行符     }
```

也可以用 while 循环嵌套实现，修改如下：

```
int i = 0,j = 0;
while(i < 3 )              // 循环遍历行
 {  while(j<4)             // 循环遍历列
       {  printf("[%d][%d]: %d ", i, j, a [i][j]);
            j++;           // 在行固定的情况下，列值依次增加
       }
   j=0;                    // 将 j 归 0，以便进行下一轮循环
   printf("\n");
   i++;                    // 遍历完一行后，行值加 1
 }
```

【案例 6.6】数组元素引用。

```
#include <stdio.h>
void main()
{   int i,j,k=0;       int s[3][4];
    for(i=0;i<3;i++)        /* 变量 i 控制 s 数组的行下标 */
    {   for(j=0;j<4;j++)      /* 变量 j 控制 s 数组的列下标 */
            {       s[i][j]=k;
                    printf("s[%d][%d]=%d\t",i,j,s[i][j]);
```

```
            k++;            }
        printf("\n");    }
}
```

运行结果为：

s[0][0]=0　　s[0][1]=1　　s[0][2]=2　　s[0][3]=3

s[1][0]=4　　s[1][1]=5　　s[1][2]=6　　s[1][3]=7

s[2][0]=8　　s[2][1]=9　　s[2][2]=10　　s[2][3]=11

6.2.3 二维数组的存储和初始化

（1）分行给二维数组赋初值。

例如：

int a[2][3] = {{1,2,3},{4,5,6}};

即把第一对花括号内的值依次赋给 s 数组第一行的各列元素，把第二对花括号内的值依次赋给 s 数组第二行的各列元素。

与此相似的是，三维甚至多维数组也可以类似初始化，例如：

int s[3][4]={{1,2,3,4},{5,6,7,8},{9,10,11,12}}; // 定义三维数组，并且初始化

（2）按行连续赋初值。

由于二维数组在计算机里是按一维数组存储的，所以也可以仿照一维数组初始化的方式，按行依次罗列出二维数组需要赋值的所有元素。

例如：

int s[3][4]={1,2,3,4,5,6,7,8,9,10,11,12};

上述两种赋值方式结果完全相同，但相比之下，前一种方式更加清晰，有助于程序的阅读。

（3）对全部元素赋初值，可以省略第一维的长度。

例如：

int s[ ][4]={1,2,3,4,5,6,7,8,9,10,11,12};

则数组以 4 个元素为一行，因此数组缺省行为 3。

（4）可以只对部分元素赋初值，未赋初值的元素自动取 0 值。

例如：

int s[ ][4]={{1,2},{5},{9,10}}; // 相当于 int s[ ][4]={{1,2,0,0}, {5,0,0,0}, {9,10,0,0}};

这种方法对于初始化时，需要赋非 0 元素较少的数组比较方便。

但是要注意以下错误初始化的方式。

• 未遵守行从左至右依次初始化原则，例如：

int a[4][3]={ ,{4,5,6}, {7,8,9}, {10,11,12} };// 不合法

• 同一行中未遵守列从左至右依次初始化原则，例如：

int a[4][3]={{1,3},{4,5,6},{7,8,9}};// 不合法

• 不分行，用类似一维数组的方式初始化，未按序初始化，例如：

int a[4][3]={1,2,4,6,7,8,9} ; // 不合法

• 省略列号，例如：

int a[4][ ]={{1,2,3},{4,5,6},{7,8,9},{10,11,12}}; // 不合法

6.2.4 二维数组的应用

【案例 6.7】求矩阵的转置。

转置矩阵中最关键的是行列交换，假设原始矩阵为二维数组 a，转置矩阵为二维数组 b，则转置矩阵元素之间的关系为 a[i][j]=b[j][i]。

```
#include <stdio.h>
void main()
{   int a[2][4]={1,3,5,7,2,4,6,8},b[4][3];      int i,j;
    for(i=0;i<2;i++)
    {          for(j=0;j<4;j++)          printf("%2d ",a[i][j]);
               printf("\n");       }
    for(i=0;i<2;i++)
               for(j=0;j<4;j++)          b[j][i]=a[i][j];
    printf("\n");
    for(i=0;i<4;i++)          printf("%2d  %2d\n",b[i][0],b[i][1]);    }
```

程序运行，若输入的矩阵是：

1 3 5 7

2 4 6 8

则转置后矩阵为：

1 2

3 4

5 6

7 8

【案例 6.8】有一个 3×4 的矩阵，要求编程以求出其中值最大的那个元素，以及它所在的行号和列号。

用 max 存放最大数，max 初值为 a[0][0]，通过双重循环将 max 的值依次和其他元素比较，只要比 max 值大的元素就赋给 max，并用变量 row、col 记下行号和列号。所有元素比较完之后，max 的值为该数组中的最大值。

```
#include <stdio.h>
```

```
void main()
{   int i,j,row,col,max;
    int a[3][4]={{3,5,1,8},{6,4,11,7},{9,3,10,2}};
    max=a[0][0];
    for(i=0;i<3;i++)
            for(j=0;j<4;j++)
                    if(a[i][j]>max)
                    {       max=a[i][j];     row=i;  col=j;   }
            printf("max=%d,row=%d,col=%d\n",max,row,col);
}
```

程序运行结果为：

max=11,row=1,col=2

6.2.5 多维数组

在计算机中，除一维数组和二维数组之外，还有三维、四维等多维数组，它们多应用在某些特定程序开发中，多维数组的定义与二维数组类似，其语法格式具体如下：

数组类型修饰符 数组名 [n_1][n_2]…[n_n];

经过了前面的知识，我们很容易归纳出多维数组的定义方法：

```
char c[3][6][8];        // 定义一个 3 层、6 行、8 列的三维数组
int n[4][5][4][6];      // 定义一个 4 块、5 层、4 行、6 列的四维数组
```

以三维数组为例，对三维数组进行遍历，使用 3 层循环结构即可。最右一层下标变化最快，越向左下标变化越慢。

例如，定义一个多维数组表示日期和时间，则可定义如下：

```
int time[12][31][24][60][60];
```

这几个下标从左到右分别表示月、日、时、分、秒。当表示秒的下标循环到 60 后，分钟向下 +1；当分钟循环到 60 后，小时向下 +1；当小时循环到 24 后，日向下 +1，依次类推。

```
for(m=0;m<12;m++)                  // 遍历 12 个月
{for(d=0;d<31;d++)                 // 遍历 31 天
    {for(h=0;h<24;h++)                 // 遍历 24 小时
        {for(min=0;min<60;min++)             // 遍历 60 分钟
            {for(sec=0;sec<60;sec++)             // 遍历 60 秒
                {
                  ……             // 循环体处理语句
                }      }      }      }      }
```

这个遍历的顺序就是多维数组元素在存储空间内的存放顺序。

6.3 字符数组与字符串

数组既可以存放数值数据，也可以存放字符数据。存放数值数据的数组称为数值数组，存放字符数据的数组称为字符数组。字符数组中的每一个元素存放一个字符。

C 语言中没有专门的字符串变量，通常用一个字符数组存放一个字符串。由于字符数组的长度一般在定义时就确定了，而字符串的长度经常改变，为了确定字符串的有效长度，C 语言规定：以 '\0' 作为字符串的结束标志。例如，字符串 "hello" 在内存中的存储形式如图 6.3 所示。

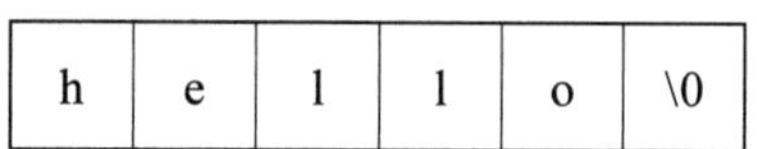

h	e	l	l	o	\0

图 6.3　占用 6 个字节的空间

6.3.1 字符数组的定义与初始化

字符数组也是数组，只是数组元素的类型为字符型。所以，字符数组的定义、初始化以及元素的引用与一般的数组类似。

1. 字符数组的定义

字符数组的定义和前面介绍的数值数组类似。一维字符数组定义的格式为：

类型说明符 数组名 [常量表达式];

例如：

```
char  ch[10];        /* 定义字符数组 ch，它有 10 个元素 */
char  name[3][10];   /* 定义一个 3 行 10 列的字符数组 name，它有 30 个元素 */
```

由于字符型和整型在一定程度上可以通用，所以，char ch[10]; 也可以写成 int ch[10];，但这时每个元素占 2 个字节。

二维字符数组定义的格式为：

类型说明符 数组名 [常量表达式 1][常量表达式 2];

例如：

```
char name[3][20];        /* 定义 name 为二维字符数组，该数组有 3 行，每行 20 列，最多可以存放 60 个字符型数据 */
```

2. 字符数组的初始化

（1）逐个给字符数组中的各元素赋值。

例如：

```
char  ch[5]={'h','e','l','l','o'};  // 把 5 个字符分别赋给 ch[0],…,ch[4]
```

又如：

char ch[10]={'h','e','l','l','o'};

当数组元素的个数多于要赋值的字符个数，这时把指定的字符分别赋给 ch[0],…,ch[4]，其余元素系统自动赋予空字符 '\0'（ASCII 值为 0 的空操作符）。

（2）用字符串常量初始化数组。

例如：

char c[ ]="How are you";// 相当于：char c[ ]={'H','o','w',' ','a','r','e',' ','y','o','u', '\0' };

存储字符串常量的时候，需要的存储字节数是实际字符长度加上 1。例如，字符串 "Hello world!"，字符个数为 12，占 13 个字节的存储空间。存储空间表示见图 6.4。

H	e	l	l	o		w	o	r	l	d	!	\0

图 6.4　字符数组元素存储空间表示图

这种方式比逐个字符赋初值书写起来方便得多。通常，字符数为 n 的字符串需占用 n+1 个字符空间。

【注意】

（1）字符数组的长度必须比字符串中字符的个数多 1。

由于字符串采用了 '\0' 作为结束标志，所以在用字符串给字符数组赋初值时，一般无须指定数组的长度，而由系统自行处理。

'\0' 是 ASCII 码值为 0 的字符，是不可显示字符。预定义为 NULL，是一个空操作符，即它什么也不干，仅用它作为一个标记，以标志字符串的结束。有了它，在程序中可以依靠检测 '\0' 来判定字符串是否结束。

（2）用字符串形式对字符数组初始化时，系统会自动在其末尾加上 '\0'；而采用逐个字符对字符数组初始化时，经常需要人为地加上 '\0'。例如，char ch[ ]={'h','e','l','l','o','\0'};，否则只是一个没有结束符的字符数组，而不是一个独立的字符串。

（3）如果对全体元素赋初值，可以省略长度说明。

例如：

```
char  ch[ ]={'h','e','l','l','o'};                // 这时数组 ch 的长度自动定为 5
char ch[ ]="hello";                               // 这时数组 ch 的长度自动定为 6
```

（4）二维字符数组初始化。

可以逐个字符赋值。例如：

char name[3][20]={{'M','u','s','i','c'},{'A','r','t','s'},{'S','p','o','r', 't'}};

也可以使用字符串进行初始化。例如：

char c[ ][8]={ "white", "black"};

6.3.2 字符数组的输入与输出

1. 字符数组的输出

要将字符数组的内容显示出来，有如下两种方法。

（1）按 %c 的格式：用 printf() 函数将数组元素逐个输出到屏幕。

（2）按 %s 的格式：用 printf() 函数将数组中的内容按字符串的方式输出到屏幕。

【注意】系统在输出时只在遇到 '\0' 字符时才停止输出，否则，即使输出的内容已经超出数组的长度，系统也不会停止输出。

2. 字符数组的输入

从键盘对字符数组赋值，也有如下两种方法。

（1）按 %c 的格式：用循环和 scanf() 函数读入键盘输入的数据。

（2）按 %s 的格式：通过 scanf() 函数来进行字符串的输入。如 scanf("%s",a);。

【注意】输入时，在遇到分隔符时认为字符串输入完毕，并将分隔符前面的字符后加一个 '\0' 字符一并存入数组中。

【案例 6.9】字符数组逐个引用。

```
#include <stdio.h>
void main()
{   int i;
    char  c[12]={'H','o','w',' ','a','r','e',' ','y','o'','u','!'};  /* 逐个给字符数组 c 的各元素赋值 */
    for (i=0;i<12;i++)        printf("%c",c[i]);          /* 逐个输出字符数组 c 的各元素 */
    printf("\n");   }
```

运行结果为：

How are you!

【案例 6.10】字符数组整体输出。

上述案例，如果用 %s 格式输出 c 字符数组，则编写程序为：

```
#include <stdio.h>
void main()
{   int i;
    char  c[12]={'H','o','w',' ','a','r','e',' ','y','o'','u','!'};  /* 逐个给字符数组 c 的各元素赋值 */
    printf("%s",c);            /* 整体输出字符数组 c 的各元素 */
    printf("\n");  }
```

程序运行结果为：

How are you! 烫烫 t _x0019_

从运行结果看，除了输出字符数组各元素外，还有几个乱码出现，这是因为字符数组采用逐个字符赋值的方式，数组中并没有字符串结束的字符 '\0'，因此输出有误。如果程序中字符数组初始化换成字符串的形式，则程序段可以改写为：

```
char  c[]="How are you!";  /* 用字符串给字符数组 c 的各元素赋值 */
printf("%s",c);            /* 整体输出字符数组 c 的各元素 */
```

此时，程序运行结果正常。

【案例 6.11】逐个输入 10 个大写字母，依次打印其所对应的小写字母。

定义一个字符数组，用来存放输入的字母，大写字母与小写字母之间通过 ASCII 码值进行转换，输出转换后的字符数组中各元素的值。

方法一：采用 %c 格式输入输出

```
#include <stdio.h>
main()
{       int i;    char  c[10];
        printf(" 请输入 10 个大写字母 : ");
        for(i=0;i<10;i++)  // 用 %c 格式初始化
        {       scanf("%c",&c[i]);
}
        printf(" 对应的小写字母是 : ");
        for(i=0;i<10;i++)  /* 用 %c 格式输出 */
        {       printf("%c",c[i]+32);    }
        printf("\n");
}
```

方法二：采用 %s 格式输入输出

```
#include <stdio.h>
main()
{       int i;    char  c[10];
        printf(" 请输入 10 个大写字母 : ");
        scanf("%s",c);  // 用 %s 格式初始化
        printf(" 对应的小写字母是 : ");
        for(i=0;i<10;i++)
        {c[i]=c[i]+32;  // 大写转小写   }
        printf("%s",c);  // 用 %s 格式输出
        printf("\n");
}
```

程序运行，输入 10 个大写字母：ABCDEFGHIJ，对应的运行结果是：

abcdefghij

3. 整个字符串的输入输出

C 语言中虽然没有字符串变量，但却允许使用字符串的概念对字符串进行整体的输入、输出操作。这里，scanf 和 printf 以及 gets 和 puts 这两对函数使用得相当频繁。

1）使用 scanf 和 printf 函数

前面已经介绍过，可以用 scanf 和 printf 的 %s 格式对字符串整体输入输出，调用格式为：

字符串输入：scanf ("%s", 字符数组首地址)

字符串输出：printf ("%s", 字符数组首地址)

例如：

```
char  ch[10];scanf ("%s", ch);
```

这里 ch 为数组名，代表了该字符数组的首地址，数组 ch 占用该首地址开始的连续 10 个存储单元。上例的含义为，将用户从键盘输入的一个长度小于 10 的字符串存入 ch 数组中。上例若写成 scanf ("%s", &ch);，则是错误的，因为ch本身就代表数组的首地址，不需要加上取地址运算符。

【案例 6.12】输入输出一个字符串。

```
void main()
{   char st[20];       printf(“Input a string:\n”);
    scanf(“%s”,st);                    /* 输入一个字符串到字符数组 st*/
    printf(“%s\n”,st);                         /* 输出字符串 st*/  }
```

运行程序时，输入字符串 "abcdef"，则输出字符串 "abcdef"。程序中定义的数组长度为 20，因此输入的字符串的长度也必须小于 20。整个字符串的输入、输出用格式符 "%s"，若用 "%c" 格式符，则只能逐个输入输出字符数组中的元素。

用 scanf 从键盘上接收字符串时，用户必须用回车键结束字符串的输入。系统会自动在字符串的尾部加上一个 '\0' 作为字符串结束标志。用 scanf 从键盘输入多个字符串，可以用空格分隔。

2）使用 gets 和 puts 函数

可以用 gets 和 puts 函数对字符串整体输入输出，调用格式为：

gets(字符数组首地址)

表示从键盘输入一个字符串（可以包含空格），直至遇回车符结束输入。

puts(字符数组首地址)

表示将指定字符串输出到屏幕上，输出时能自动将串尾 '\0' 符号转换为换行。

【说明】

（1）在使用 gets、puts 函数时，须包含头文件 <stdio.h>。

（2）在用 gets 函数输入字符串时，只有按回车键才认为是输入结束。

（3）在用 puts 函数输出字符串时，遇 '\0' 结束。

【案例 6.13】输入一行文字，统计有多少个单词。

本案例的关键：单词的数目可以由单词间的空格决定。可以采用以下算法。

（1）设置一个计数器 num，表示单词个数。开始时，num=0。

（2）从头到尾扫描字符串。当发现当前字符为非空格，而当前字符以前的字符是空格，则表示找到了一个新的单词，num 加 1。

（3）当整个字符串扫描结束后，num 中的值就是单词数。

```
#define LEN 80
void main()
```

```
{           char sentence[LEN+1];            int i, num = 0;
   gets(sentence);
   if(sentence[0]!='\0')
   {        if (sentence[0]!= ' ') num = 1;
            for (i=1; sentence[i]!='\0'; ++i)
            {         if (sentence[i-1] ==' '&& sentence[i]!=' ') ++num;      }
   }
   printf("单词个数为：%d\n", num );  }
```

程序运行，输入 how are you?，程序运行结果为：

单词个数为：3

6.4　字符串函数

C 语言提供了丰富的字符串处理函数，除了上面已介绍的用于输入输出的 gets 和 puts 函数外，还提供了字符串复制、连接、比较、修改、转换等字符串处理函数。这些字符串函数的使用可大大减轻编程的工作量。注意：使用这些函数前，应包含头文件 "string.h"。

6.4.1　字符串复制函数 strcpy

字符串复制函数 strcpy 的格式如下：

strcpy(字符数组名 , 字符串)

此函数的功能：将一个字符串复制到一个字符数组中。字符串结束标志 '\0' 也一同复制。

【注意】

（1）字符数组 1 的长度必须足够大，以便能容纳字符数组 2 中的字符串。

（2）字符数组 1 必须写成数组名形式，字符串 2 可以是字符数组名，也可以是一个字符串常量。如 strcpy(strl,"C Language")。

（3）如果在复制前未对字符数组赋值，则字符数组 1 各字节中的内容是无法预知的，复制时将字符数组 2 中的字符串和其后的 '\0' 一起复制到字符数组 1 中，取代字符数组 1 中的字符。

【案例 6.14】将一个字符串复制到另外一个字符串中。

```
#include<stdio.h>
#include<string.h>
void main()
{  char str1[10],str2[]="China";
   strcpy(str1,str2);
```

```
    puts(str1); }
```

程序运行结果为：

China

上面程序中，字符数组 str1 必须定义得足够大，以便能存入指定的字符串。

要注意的是，不能直接用赋值语句对一个数组整体赋值。

如果要将一个字符串复制到另一个字符串中，必须采用 strcpy 函数。例如：

str1= "China";str2=str1;// 此语句是错误的

6.4.2 字符串连接函数 strcat

字符串连接函数 strcat 格式如下：

strcat(字符数组名 1, 字符数组名 2)

该函数的功能：连接两个字符数组中的字符串，把字符串 2 接到字符串 1 的后面，结果存放在字符数组 1 中，本函数的返回值为字符数组 1 的首地址。

【案例 6.15】连接两个字符串。

```
#include <stdio.h>
#include <string.h>
void main()
{   char str1[50]="Hello";  char str2[ ]="everyone";
    strcat(str1,str2);puts(str1);   }
```

程序运行结果为：

Helloeveryone

本例将 str2 中的字符连接到 str1 的字符后面，并在最后加一个 '\0'，连接后的新字符串存在 str1 中，并且 str1 必须定义得足够大，以存放连接后的字符串。

6.4.3 字符串比较函数 strcmp

字符串比较函数 strcmp 格式如下：

strcmp(字符串 1, 字符串 2)

字符串比较函数 strcmp 的功能：比较两个字符串，返回值为比较结果。这里的比大小主要是指两个字符串中首个不相同字符的 ASCII 值的比较。

【注意】

- 当字符串 1 = 字符串 2，函数返回值为 0。
- 字符串 1> 字符串 2，函数返回值为一正数。
- 字符串 1 < 字符串 2，函数返回值为一负数。

字符串的比较规则：从两个字符串中的第一个字符开始逐个进行比较（按字符的 ASCII 码值的大小），直至出现不同的字符或遇到 '\0' 为止。如果全部字符相同，则两个字符串相等；若出现了不相同的字符，则以第一个不同的字符的比较结果为准。

【案例 6.16】把输入的字符串和数组 2 中的字符串比较，比较结果返回到 k 中，根据 k 值再输出结果提示串。

```
#include<stdio.h>
#include<string.h>
void main()
{   int k;     static char st1[15], st2[]="Hello Beijing";
    printf("input a string:\n");        gets(st1);
    k=strcmp(st1,st2);
    if(k==0) printf("st1=st2\n");
    if(k>0)   printf("st1>st2\n");
    if(k<0)   printf("st1<st2\n");   }
```

运行程序，输入两个字符串：Hello China，程序运行结果为：

st1>st2

6.4.4　测字符串的长度函数 strlen

测字符串的长度函数 strlen 形式如下：

strlen（字符串）

测字符串的长度函数 strlen 的功能：测字符串中字符的实际个数（不含"\0"标志）。

例如：

```
strlen("China");  // 函数值为 5
```

【案例 6.17】测字符串的长度。

```
#include<stdio.h>
#include<string.h>
void main()
{   char str[ ]="Hello";
    printf("string length:%d\n",strlen(str));   }
```

程序运行结果为：

string length:5

请注意，这里字符串的长度为 5，但字符数组 str 的实际长度应为 6(它包含"\0"字符)。

6.4.5　字符串的应用

【案例 6.18】输入一个字符串，统计其中的大写字母、小写字母、数字和其他字符的个数。

```
#include<stdio.h>
void main()
```

```
{  char s[254];
   char name[4][10]={"UPPER","LOWER","DIGIT","OTHER"};
   int i,a[4];
   printf("INPUT A STRING:");    gets(s);
   for(i=0;i<4;i++)          a[i]=0;
   for(i=0;s[i]!= '\0';i++)
   {        if(s[i]>='A' && s[i]<='Z') a[0]++;
            else  if(s[i]>='a' && s[i]<='z') a[1]++;
            else  if(s[i]>='0' && s[i]<='9') a[2]++;
            else  a[3]++;    }
   for(i=0;i<4;i++) printf("%s:%d，",name[i],a[i]);  }
```

运行程序，输入一段字符：admdcDSA12345/12&'DFJEI，程序运行结果为：

UPPER:8，LOWER:5，DIGIT:7，OTHER:3

【案例 6.19】不用 strcat 函数，将键盘输入的两个字符串连接起来形成一个新字符串。

```
#include<stdio.h>
void main()
{  char s1[50],s2[20];      int i,j=0;
   printf("Enter string No.1:\n");   scanf("%s",s1);
   printf("Enter string No.2:\n");   scanf("%s",s2);
   for(i=0;s1[i]!='\0';i++) ; /* 最后的分号不能省略，表示循环体为空语句 */
   while((s1[i++]=s2[j++])!='\0') ;
   printf("\n New string:%s\n",s1);
}
```

运行程序，输入两个字符串 abcd 和 efgh，输出结果为：

abcdefgh

本程序从键盘输入两个字符串并分别赋给字符数组 s1[ ] 和 s2[ ]。for 循环的循环体为空语句，其作用如下：从 s1 数组的第一个元素开始判断其值是否为 '\0'，若不是则继续循环判断下一个元素值是否为 '\0'，直到 s1[i]=='\0' 循环结束，此时变量 i 的值为 '\0' 在 s1 数组中的位置（下标）。要将字符串 s2 连接在字符串 s1 的后面，字符串 s2 应从 s1 的 '\0' 位置开始存放。

while 循环的控制条件是 (s1[i++]=s2[j++])!='\0'，其作用如下：第一次进入循环时 i 的值为 for 循环结束时的值，即串 s1 的 '\0' 位置，首先将 s2[0] 赋给串 s1 的 '\0' 所对应元素，i 和 j 自加 1；第二次循环将 s2[1] 赋给串 s1 的 '\0' 后面一个元素，……，直到将 s2 的 '\0' 赋给 s1 数组的对应元素后，while 循环结束。这样就把字符串 s2 全部串接到 s1 的尾部。

本例中 for(i=0;s1[i]!='\0';i++) ; 可以改写为：

```
i=0;
while(s1[i]!='\0')
i++;
```

同样，while((s1[i++]=s2[j++])!='\0')；也可以改写成其他形式，请读者自己尝试。

【案例 6.20】为了保证信息的安全，大多数系统都含有用户登录模块。只有输入正确的用户名和密码之后才能进行相应的操作。编写程序实现用户登录功能。

要想成功登录，输入的密码和原密码要一致，也就是说，两个字符串要进行比较，这里就用到了字符串比较函数 strcmp()。通过定义字符数组，可用于存放原密码及用户输入的密码；若输入密码不正确，可再进行尝试，这里考虑通过循环来实现多次尝试输入；若输入密码正确，则提示登录成功，循环结束。编写程序如下：

```
#include<stdio.h>
#include<string.h>
void main()
{  char passw[] = "123456";                 // 设置初始密码为 "123456"
   char test[20] ="8";
   printf(" 请输入密码：");        scanf("%s", &test);      // 接收用户输入密码
   if (strcmp(passw,test)==0)               // 密码对比
   {        printf(" 登录成功 \n");         /* 如果密码一致，提示登录成功 */ }
   else     { printf(" 密码错误，退出程序 ");/* 否则，提示密码错误，退出程序 */}
}
```

运行程序，输入密码 654321，结果为：

密码错误，退出程序

再次运行程序，输入正确的原始密码 123456，结果为：

登录成功

第 7 章　函数

函数是程序设计语言中最重要的部分，是模块化设计的主要工具。函数的应用体现了程序模块化、代码重用的重要思想。在 C 语言中，函数的含义不是数学计算中的函数关系或表达式，而是一个程序模块。本章主要介绍 C 语言中函数的定义与调用、函数间的数据传递方法、函数的递归调用、变量的作用域和存储方式。通过本章的学习，掌握函数的使用和模块化程序设计的一般方法与技巧。

7.1　概述

例如，有这样一个程序设计需求，要接收用户从键盘输入的两个整数 *m* 和 *n*，然后求 1+2+3+…+*m* 和 1+2+3+…+*n*。

这两个步骤的运算方法是相同的，只有参数不同，如果不定义函数，则需要在主函数中把两段几乎相同的代码写两遍，程序如下：

```
#include <stdio.h>
void main()
{  int m,n;            int k,sum1=0,sum2=0;  scanf("%d,%d",&m,&n);
   for(k=1;k<=m;k++)        {       sum1 += k; }    //for 循环，求 1+2+3+…+m
   for(k=1;k<=n;k++)        {       sum2 += k; }    //for 循环，求 1+2+3+…+n
   printf("%d,%d\n",sum1,sum2);  }
```

这段代码的核心代码是两个 for 循环，这两个 for 循环结构完全相同，只是参数不同，运算结果不同。如果还需要求更多类似的运算结果，则需要重复很多遍相似的代码，程序就会非常臃肿，不堪重负。

这里就提出了函数的概念。

7.1.1　模块化程序设计方法

一个较大的程序通常分为若干个子程序模块，每个子程序模块实现一个特定的功能。在 C 语言中，这些子程序模块是由函数来完成的。一个 C 程序可由一个主函数和若干个函数组成。程序执行时，从主函数开始，通过主函数调用其他函数，其他函数也可以相互调用。同一个函数可以被一个或多个函数调用。

利用函数，不仅可以实现程序的模块化，使得程序设计简单、直观，提高程序的可读性和可维护性，而且还可以将一些常用的算法编写成通用函数，以供随时调用。因此，无论 C 程序的设计规模有多大、多复杂，都是划分为若干个相对独立、功能较单一的函数，通过对这些函数的调用来实现程序功能。因此，C 语言也被称为函数式语言。

使用函数进行程序设计有这样两个考虑。

（1）结构化程序设计的需要。结构化程序设计思想的核心内容是“自顶向下，逐步细化和模块化”。结构化程序设计思想最重要的一点就是把一个复杂的问题分解成很多小而独立的问题，即把一个大程序按功能分为若干个小程序（模块），每个模块完成一部分程序功能。

（2）可以提高代码的复用性。可以把经常用到的完成某种相同功能的程序段编写成函数，每当需要完成这一功能时，只要调用这个函数即可，如需修改，只需修改这个函数本身即可，而调用函数的语句不必修改。

【案例 7.1】函数调用的例子。

```
#include <stdio.h>
main()      /* 主函数 main*/
{
        printa();    /* 调用 printa 函数 */
        printb();    /* 调用 printb 函数 */
}
printa()     /* 定义 printa 函数 */
{        printf("**********\n");  }
printb()      /* 定义 printb 函数 */
{        printf("C program!\n");
         printa();     /* 调用 printa 函数 */  }
```

运行结果为：

```
**********
C program!
**********
```

【说明】

（1）一个源程序文件由一个或多个函数构成，每个函数完成一个相对独立的任务。

例如，本程序中 main 是主函数，是系统定义的。printa 和 printb 都是用户定义的函数，分别输出不同字符串。

（2）一个 C 程序是由一个或多个源程序文件组成的。

C 程序的执行从 main 函数开始，调用其他函数后流程返回到 main 函数，在 main 函数中结束整个程序的运行。

（3）所有函数在定义时都是相互独立的，它们之间的关系是平行的。

一个函数并不从属于另一个函数，也就是说，在一个函数的函数体内，不能再定义另一个函数，即函数不能嵌套定义。函数间可以相互调用，但不能调用 main 函数。

7.1.2 函数的分类

1. 从函数定义的角度分类

（1）标准函数，即库函数。

由系统提供，用户无须定义和说明，只需在程序前包含该函数原型的头文件，就可在程序中直接使用。如 scanf、printf、getchar、putchar、sqrt 等都是标准函数。请注意，不同的 C 系统提供的库函数的数量和功能不同，当然，一些基本的函数是相同的。

（2）用户自己定义的函数。

用户根据需要，自己定义的用以完成某种功能的函数。如【案例 7.1】中 printa 和 printb 等都是用户定义的函数。

2. 从函数参数的角度分类

（1）无参函数。

函数定义、函数说明、函数调用均不带参数。主调函数和被调函数之间不进行参数传递，如【案例 7.1】中 printa 和 printb 两个都是无参函数。此类函数通常用来完成一组指定的功能，可以返回或不返回函数值，一般不返回函数值居多。

（2）有参函数。

函数定义、函数说明时都有参数，称为形式参数（简称形参）。函数调用时必须给出参数，称为实际参数（简称实参）。进行调用时，主调函数把实参的值传递给形参，供被调函数使用，被调函数也可以将值带回来供主调函数使用。例如：

```
void sum(int a,int b)  // 自定义 sum 函数，通过两个形参 a 和 b 与其他参数联系
{  int s;    s=a+b;  printf("s=%d\n",s);   }
main()                // 主函数
{  int x=2,y=3;
   sum(x,y);          }  // 调用 sum 函数，实参 x 和 y 的值 2 和 3 传递给形参 a 和 b
```

3. 从函数功能的角度分类

（1）有返回值函数。

有返回值的函数将生成一个值，这个值可赋给变量或其他表达式使用。有返回值的函数返回值用 return 返回；return 的变量的类型一般与函数值的类型一致。例如：

```
int max(int x, int y)         // 定义一个 max 函数，通过两个整型参数和其他函数联系
{  int  m;
   if(x>y)m=x;
   else m=y;                  //m 为 x 和 y 的较大值
   return m;         }  // 函数调用通过返回值 m 带回，发送给调用函数
```

（2）无返回值函数。

无返回值的函数的类型是 void，函数中不需要 return 语句。例如：

```
void print(int n)      // 定义一个函数名为 print 的函数
{  printf("**********\n"); }
```

7.1.3　函数的定义

定义函数时要完成 3 项任务：指明函数的入口参数；指明函数执行后的状态，即返回值或返回执行结果；指明函数要做的操作，即函数体。

1. 有参函数的定义

在 C 语言中，最基础的程序模块就是函数。函数被视为程序中基本的逻辑单位，一个 C 程序由一个 main() 函数和若干个普通函数组成。一个函数必须先定义，然后才能使用。

有参函数是指在主调函数调用被调函数时，主调函数通过参数向被调函数传递数据。在一般情况下，有参函数在执行被调函数时会得到一个值并返回给主调函数使用。定义一个 C 函数的语法格式如下：

类型标识符　函数名（形式参数表）

{ 变量定义部分

声明部分

语句部分 }

【说明】

（1）函数头包括类型说明符和函数名。

（2）类型说明符指明了本函数的类型，函数的类型实际上是函数返回值的类型。

函数返回值可以是以前介绍的整型（int）、长整型（long）、字符型（char）、单浮点型（float）、双浮点型（double）以及无值型（void），也可以是指针，包括结构指针。在很多情况下都不要求无参函数有返回值，此时函数类型符可以写为 void。

（3）函数名是由用户定义的合法的标识符，函数名后有一个括号，小括号中的内容为该函数的形式参数说明，多个形式参数用逗号隔开。形式参数的说明可以只有数据类型而没有形式参数，也可以两者都有。例如：

```
int max(int  , int  ) // 形式参数说明只有数据类型，没有形式参数名称
{  …  }
```

无参函数的括号中为空，其中无参数，但括号不可少。

（4）{ } 中的内容称为函数体。在函数体中也有声明部分，这是对函数体内部所用到的变量的类型声明，语句部分实际上就是函数体。

【案例 7.2】有参函数调用。

```
#include <stdio.h>
main()        /* 主函数 */
{       int x,y,z;
        printf(" 请输入两个数 ：");
        scanf("%d,%d",&x,&y);
        z=min(x,y);   /* 调用 min 函数 */
        printf(" 较小值是 ：%d\n",z);
}
```

```
int min(int a, int b)    /* 自定义 min 函数
*/
{
int c;
        c=a<b?a:b;
        return(c);
// 通过返回值 c 带回，发送给调用函数
}
```

程序运行时，若输入 3,5↙，则运行结果为：

较小值是：3

该程序中 min 函数是用户自定义函数。min 函数有两个参数 a 和 b，这两个参数都是整型，因此在调用时，必须有两个实参，且实参的类型也是整型，这类函数称为有参函数。在 min 函数中，有一个 return 语句，该语句的作用是将括号中的值带回到主调程序里，因此这类函数又称带值返回函数。

2. 无参函数的定义

无参函数是指在主调函数调用被调函数时，主调函数不向被调函数传递数据。无参函数一般用来执行特定的功能，可以有返回值，也可以没有返回值，但一般以没有返回值居多。无参函数定义的一般形式为：

```
类型说明符  函数名 ()
{        变量定义部分
         声明部分
         语句部分      }
```

无参函数的定义和有参函数类似，只是函数名后面必须有一对空括号“()”，里面不能有参数。花括号“{}”中的内容称为函数体，体现函数的功能。

无参函数一般不需要有返回值，因此可以不指出函数值的类型。也可以将函数值的类型定义为 void，即空类型，以确定函数返回时不带回任何值。

【案例 7.3】无参函数调用。

```
#include <stdio.h>
void main()   /* 主函数 */
{  int j,k;
   for(k=1;k<=4;k++)
   {        for(j=1;j<k;j++) printf(" ");
   print();   /* 函数调用 */          }
}
```

```
print()    /* 自定义一个无参函数 */
{  printf("*****\n");  }
```

该程序包含两个函数：一个是系统定义的 main 函数；一个是用户自定义的 print 函数，print 函数的功能就是在一行上输出 4 个星号“*”。print 函数在定义时没有形参，因此在调用时也不需要实参。在主函数的外层 for 循环中调用 print 函数，循环 4 次，每次循环，首先输出 *j* 个空格（*j*<*k*，*k* 为外循环次数，表示行），然后调用 print 函数，输出 4 个星号“*”，因此程序运行结果为：

```
*****
 *****
  *****
   *****
```

【案例 7.4】用函数的方法求 1+3+5+7+9。

```
void sum()     /* 定义一个求 1+3+5+7+9 的函数 */
{  int k,s=0;
     for(k=1; k<10;k=k+2)  s=s+k;
   printf("s=%d\n",s);  }
#include <stdio.h>
main()     /* 主函数 */
{   sum();    /* 函数调用 */   }
```

程序运行结果为：

s=25

该程序定义了一个无参且无返回值的函数 sum()，那么是不是无参就一定无返回值呢？不是的，一个典型的函数例子 getchar()，该函数显然是无参数的，但其返回值是一个字符。实际上，有无返回值与有无参数这两者之间是没有任何关系的。

和无参函数的定义相比，有参函数的定义在函数头部分多了形式参数和形式参数类型说明两项内容。形式参数通常简称为形参。形参可以是任何类型的变量，参数间用逗号分隔。在函数调用时，主调函数将赋予这些形式参数以实际值。

3. “空函数”的一般形式

如果函数体是空的，那么这个函数就是空函数。调用空函数时，什么工作也不做，没有任何实际作用。空函数的定义格式如下：

```
类型说明符  函数名 ()
{ }
```

“空函数”没有任何作用，仅仅是起一个名字。在程序设计中往往根据需要确定若干个模块，分别由一些函数来实现。而在第一阶段往往只设计最基本的模块，其他一些次要功能或锦上添花的功能则在以后需要时陆续补上。在编写程序的开始阶段，可以在将来准备扩充功能的地方写上一个空函数，以方便未来需要时再补充。

【案例 7.5】定义一个函数，实现两个整数的求和运算。

方案 1：用有参函数定义

```
void add(int x,int y)
{        int result;
         result=x+y;
         printf("%d",result) ;
}
```

方案 2：用无参函数定义

```
void add()
{
         int x,y,result;
         scanf("%d%d",&x,&y);
         result=x+y;
         printf("%d",result) ;  }
```

函数定义有以下几点需要说明。

（1）一个 C 源程序文件由一个或多个函数组成。

（2）一个 C 程序中必须且只能有一个 main 函数。

（3）C 程序的执行都是从 main 函数开始，无论其在程序中的位置如何。main 函数可以调用其他函数，调用后程序执行流程最终回到 main 函数，在 main 函数中结束整个程序的运行。其他函数不能调用主函数。

（4）所有函数在定义时是互相独立的，不能嵌套定义（但可以嵌套调用）。例如：

```
void  main()
{
   int max(int x , int y)            // 嵌套定义，非法
   {
         int z;
         if(x>y)   z=x;
         else      z=y;
         return(z);
   }
   …
}
```

在上述实例程序中，main 函数定义的函数体内再定义一个 max 函数，这就是嵌套定义。C 语言中函数的定义是平行的，不能嵌套定义函数，但可以嵌套调用函数。所以上面定义是非法的。

7.2 函数的调用

调用函数就是使用已经定义的函数，通常通过对函数的调用来执行函数体。函数调

用的一般形式为：

函数名（实际参数列表）

调用流程：当在一个函数中调用另一个函数，程序控制就从主调函数中的函数调用语句转移到被调函数，执行被调函数体中的语句序列，在执行完函数体中所有的语句，遇到 return 语句或函数体的右花括号“}”时，自动返回到主调函数的函数调用语句并继续往下执行。在调用函数时，函数名后面圆括号中的参数称为实际参数，通常简称为实参。多个实参彼此间用逗号分隔。实参与形参的个数应相等，类型应一致。如果调用无参函数，则实参列表为空，但函数名后的一对圆括号“()”不能省略。

如图 7.1 所示，main() 函数调用 fun1() 函数。main() 函数从第一条语句开始执行，执行到 fun1(a); 时，转向去执行 fun1(x) 函数，fun1(x) 函数执行完后返回到 main() 函数的调用处，并继续往下执行后面的语句。

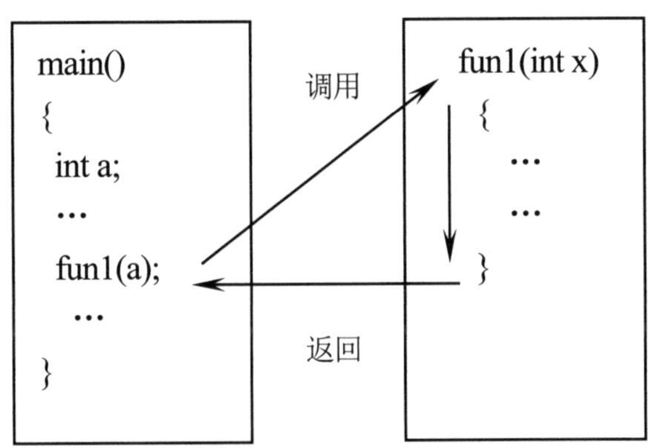

图 7.1　函数调用关系图

注意，实际参数列表中的参数可以是常量、变量或表达式；各实际参数之间用逗号分开；函数调用就是指主调函数中调用函数的形式和方法。

7.2.1　函数调用

按函数在程序中出现的位置不同，C 语言中函数调用可分为以下 3 种调用方式。

1. 函数语句

把函数调用作为一个语句。比如常用的 printf、scanf 函数调用，如 scanf("%d",&a); 和 printf("%d",a);，或者【案例 7.4】中的 sum();，都是函数调用的实例。

2. 函数表达式

函数出现在表达式中，以函数的返回值参与表达式的运算。如【案例 7.2】main 函数中的语句 z=min(x,y);，这时要求 min 函数带回一个确定的值以赋给变量 z。

3. 函数参数

函数作为另一个函数调用的实参。这种情况是把该函数的返回值作为实参进行传递，因此要求该函数必须带值返回。例如，若已经定义函数 max，若有调用语句：

printf ("%f", max(a,b,c));　　// 函数调用，max(a,b,c) 的返回值作为 printf 函数的输出项

m = max (x, y, max (a,b,c));　　// 函数调用，max(a,b,c) 的返回值作为函数 max 中一个实参，这是嵌套调用。C 语言函数不允许嵌套定义，但是可以嵌套调用

在函数调用时还应注意求值顺序问题，一般情况下求值顺序是从左到右，但有时不一定。

7.2.2　函数的参数

函数的参数有形参和实参两种。形参是出现在函数定义中，在整个函数体内部都有效，离开该函数则无意义；实参是出现在主调函数中，其作用是把实参的值传递给被调函数的形参，从而实现主调函数向被调函数传递数据的功能。

在 C 程序中，用变量作函数的形参时，实参对形参的数据传递是单向的值传递。

有关形参与实参的说明如下。

（1）函数在没有被调用前，形参不占用内存存储单元。只有调用时，系统才会给形参分配存储空间。函数调用结束后，形参所占用的存储空间被释放。

（2）实参可以是常量、变量或表达式，但必须有确定的值。

（3）函数调用时，只能把实参的值传递给形参，而不能把形参的值传递给实参。因此，在函数调用过程中，形参值的改变不会影响主调函数中实参的值。称这种传递是单向的“值传递”。

【案例 7.6】函数的参数传递。

```
void fun(int x, int y, int z)
{  z=y-x;
   printf("(1)x=%d y=%d z=%d\n",x,y,z);  }
main()
{  int x=10,y=20,z=30;
   fun(x,y,z);
   printf("(2)x=%d y=%d z=%d\n",x,y,z);  }
```

程序执行的结果是：

(1)x=10 y=20 z=10

(2)x=10 y=20 z=30

本案例主函数中定义实参 x、y、z，并赋初值 x=10, y=20, z=30;。fun 函数定义时虽然也声明了形参 x、y、z，但并不占用存储空间。只有在函数调用时，系统才给形参分配存储空间。此时，实参 x、y、z 的值按顺序分别传递给形参 x、y、z，而形参和实参虽然名字相同，但是它们的存储空间并不相同，如图 7.2 所示。在 fun 函数调用过程中，执行语句 z=y-x;，形参 z 的值被更新为 10。但此时实参 z 的值仍然是 30。调用 fun 函数，执

行语句 printf("(1)x=%d y=%d z=%d\n",x,y,z);，打印第一行输出结果：(1)x=10 y=20 z=10。函数调用结束后，形参所占用的存储空间被释放，但是形参的值不会回传给实参。程序返回到主函数中，执行语句 printf("(2)x=%d y=%d z=%d;\n",x,y,z);，打印的是实参 x、y、z 的值，即打印第二行输出结果：(2)x=10 y=20 z=30。从本案例中，可以看到形参和实参的不同。

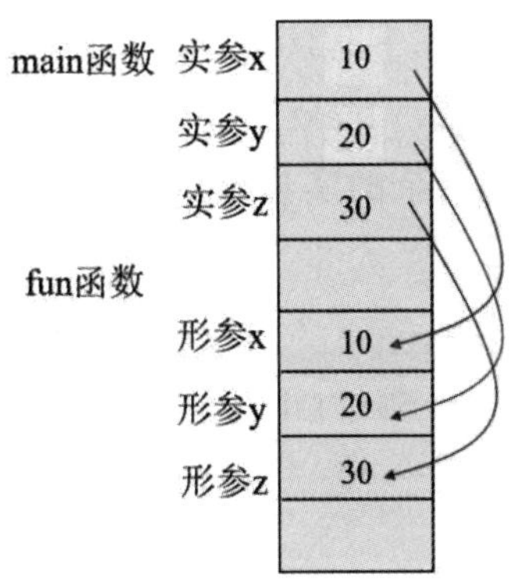

图 7.2　函数调用时参数单向传递

（4）形参和实参在类型、个数及顺序上必须保持一致，否则会发生“类型不匹配”错误。

【案例 7.7】形参和实参类型一致性。

```
/* 函数定义与函数调用类型不一致 */
float  max(int x, int y)
{   return(x>y?x:y);  }
main()
{       int a,b;
        scanf("%d,%d",&a,&b);
        printf("Max is %d\n", max(a,b) );
}
```

程序运行结果为：

5,8

Max is 0

```
/* 函数定义与函数调用类型一致 */
int  max( int x, int y  )
{   return(x>y?x:y);  }
main()
{       int a,b;
        scanf("%d,%d",&a,&b);
        printf("Max is %d\n", max(a,b) );
}
```

程序运行结果为：

5,8

Max is 8

从本案例中可以看出，左边程序自定义函数为 float 类型，但是调用函数后，返回值作为 printf 函数的输出项，以 %d 格式输出，因此并没有得到正确的结果。

【案例 7.8】形参和实参数量一致性。

```
int  max(int x, int y)
{   return(x>y?x:y);  }
```

```
main()
{           int a,b;
    scanf("%d,%d",&a,&b);
    printf("Max is %d\n",  【1】  );  }
```

①如案例程序横线处如果填入：max(a+b)，因为实参只有一个，形参有 2 个，函数调用实参的个数小于形参的个数，则形参程序编译出错，提示错误信息。

②如案例程序横线处如果填入：max(3,5,8)，实参有 3 个，形参有 2 个，函数调用实参的个数大于形参的个数，则多余的实参被忽略，程序执行结果为前两个参数的较大值：5。

③如案例程序横线处如果填入：max(3,5)，函数调用实参的个数与形参一致，程序执行结果为两个实参的较大值：5，程序运行正确。

【案例 7.9】形参和实参顺序一致性。

程序一：

```
fun(int x, int y)
{    printf("x=%d,y=%d\n",x,y);  }
main()
{  int a,b;
   scanf("%d,%d",&a,&b);
   fun(a, b);  }
```

程序执行结果为：

x=5,y=8

程序二：

```
fun(int x, int y)
{    printf("x=%d,y=%d\n",x,y);   }
main()
{   int a,b;
    scanf("%d,%d",&a,&b);
    fun(b, a);    }
```

程序执行结果为：

x=8,y=5

对比案例两段程序，可以看到调用 fun 函数时实参按顺序传递给形参。因此，在程序一中，实参 a 传递给形参 x，实参 b 传递给形参 y，程序执行时，输入数值 5,8，输出结果为：x=5,y=8。而在程序二中，实参 b 传递给形参 x，实参 a 传递给形参 y，程序执行时，若依然输入数值 5,8，输出结果为：

x=8,y=5。

【案例 7.10】函数调用。

```
int swap(int a,int b)  // 定义 swap 函数
{         int t;
          printf("a=%d,b=%d ",a,b);
          t=a; a=b; b=t;
          printf("a=%d,b=%d\ ",a,b);  }
```

```
#include <stdio.h>
main()  // 主函数
{         int x=3,y=5;
          swap(x,y);
          printf("x=%d,y=%d\n",x,y);  }
```

程序运行结果为：

a=3,b=5 a=5,b=3 x=3,y=5

swap 函数的功能是交换两个参数的值。从上面运行结果可以看出，交换了两个形参变量 a 和 b 的值，而 main 函数中实参 x 和 y 的值没有交换，这是因为实参向形参的数据传递是单向的，因而形参值的改变不会影响实参。

7.2.3　函数的返回值

函数的返回值也称为函数的值。它是指函数被调用、执行完后，返回给主调函数的值。

函数的返回值是通过被调函数中的 return 语句实现的。return 语句是程序控制语句，它可用在除主函数之外的其他函数中。return 语句的一般形式为：

return(表达式);

或 return 表达式 ;

或 return;

函数返回的作用是计算表达式的值，并返回给主调函数。在一个函数中允许有多个 return 语句，但每次调用只执行一个 return 语句，因此只能返回一个函数值。例如：

```
int max2(int x,int y)
{  int z;
   if(x>y)  return  x; // 有两个 return 语句，但是只能执行其中一个语句
   else    return  y; }
```

对 return 语句及函数的返回值还有几点说明。

（1）return 语句也可以不带表达式部分，如 return;，它仅实现程序控制转移而不返回任何值。

（2）如果不需要从被调函数带回确定的函数值，函数可以没有 return 语句，这时当程序执行到函数体的右括号"}"时，则自动返回到主调函数中。注意：如果没有 return 语句，函数并不是不带回值，而只是带回一个不确定的值。例如：

```
printstar()
{          printf("*********");            /* 函数没有返回语句 */ }
main( )
{  int a;
   a=printstar();              // 函数调用后返回一个不确定值，并赋值给 a
   printf("a=%d\n",a);  }
```

案例中，调用函数 printstar，但函数中没有 return 语句，函数调用后返回一个不确定值，再赋值给变量 a 输出。本程序执行结果为：

***********a=10**

这里输出的 10 是 printf 函数的返回值。printf 函数的返回值是 printf 实际控制输出的字符数，那么 printf("*********"); 就是打印了 10 个字符，因此 printf("*********"); 返回的就是 10，printstar 函数返回时默认将此值带回给主函数。

（3）为了明确表示“不带回值”，可将函数定义为“空类型”，类型说明符为“void”。这样，系统就保证函数不带回任何值。例如：

```
void printstar()
{            printf("*************\n"); }
main( )
{            int a;    a=printstar();
             printf("a=%d\n",a);     }
```

（4）函数返回值的类型和函数定义的类型应保持一致。如果两者不一致，以函数定义的类型为准，系统将自动进行类型的转换。函数类型决定函数返回值的类型。例如：

```
int  max(float x, float y)    // 定义函数返回值类型为 int 类型
{   float z;                  // 定义 z 是 float 类型
   z=x>y?x:y;
   return(z);                 /* 返回 z 值 */
}
main()
{   float a,b;  scanf("%f,%f ",&a,&b);
   printf("Max is %d\n", max(a,b));    }
```

案例中，max 函数定义为 int 类型，函数的类型就是返回值的类型，但函数体中 return 语句返回 float 类型变量 z 的值，函数返回值的类型和函数定义的类型不一致，自动将返回值 z 的类型转换为函数的类型。程序执行时，输入值为 5.0,8.0，输出结果为 Max is 8。

（5）如果函数的返回值是整型，则在函数定义时可省略类型说明。

7.3 对被调函数的声明

一个函数能被另一个函数调用需要以下几个条件。

（1）该函数必须已经存在，无论是库函数还是用户自定义函数。

（2）调用库函数时，不需要对函数做声明，只需在源程序的开头用 #include 命令将相关的头文件包含进来。如 printf()、scanf ()、getchar() 、putchar() 等函数原型声明在 <stdio.h> 头文件中，sin()、sqrt() 等函数原型声明在 <math.h> 头文件中。

（3）调用用户自定义函数时，一般应在主调函数的开始部分对被调函数做声明。对被调函数的声明有两种形式，一种为传统形式，其一般形式为：

类型说明符 函数名 ( );

这种形式只给出函数返回值的类型、被调函数名和一对空括号。括号中没有任何参数信息，因此不便于编译系统的错误检查，容易发生错误。

另一种为现代形式，其一般形式为：

类型说明符 函数名 (形参及形参类型说明);

例如：

```
int max( int x, int y);
```

它告诉编译系统应该传递给函数的参数类型和数目，以及函数返回值的类型。“形参及形参类型说明”中也可以只给出形参类型，而不出现形参的名称。

例如：

```
int max( int , int );
```

【案例 7.11】函数的声明。

```
#include <stdio.h>
main()
{  int a,b;
   float aver(int x,int y);  /* 函数声明 */
   float c;
   scanf("%d,%d",&a,&b);
   c=aver(a,b);   /* 函数调用 */
   printf("c=%7.2f\n",c);
}
float aver(int x,int y)  /* 函数的定义 */
{  float z;
   z=(x+y)/2.0;
   return z;  }
```

程序运行时，若输入 3,6↙，

则运行结果为：

c=4.50

程序中第 4 行是对函数声明，第 10 行是对函数定义，这是两个不同的概念。函数定义是指对函数功能的确立，包括指定函数名、函数值的类型、形参及其类型、函数体等。它是一个完整、独立的函数单位。而函数声明是指对已定义的函数的返回值进行类型说明，它只包括函数名、函数类型等，不包括函数体。其作用是告诉编译系统，在本函数中将要调用的函数是何种类型，以便在主调函数中按此类型对函数值做相应的处理。

有几种情况可以省略对被调函数的声明。

（1）如果被调函数的定义出现在主调函数之前，则可以省略声明。

如果把【例 7.11】改写如下，就不必在 main 函数中对 aver 声明。

```
#include <stdio.h>
float aver(int x,int y)    /* 函数的定义 */
```

```
{  float z;  z=(x+y)/2.0;     return z;}
main()     /* 不必对 aver 函数进行声明 */
{  int a,b;  float c;  scanf("%d,%d",&a,&b);
   c=aver(a,b);              /* 函数调用 */
   printf("c=%7.2f\n",c);     }
```

这是因为编译系统已经事先知道了已定义函数的类型，会根据函数头所提供的信息对函数调用做正确性检查。

（2）如果在所有函数定义之前，在函数的外部已经做了函数声明，则在以后的各主调函数中，可以不必对被调函数做声明。例如：

```
char pt(char,int);    /* 以下 3 行在所有函数之前，且在函数外部 */
int jia(int,int);
float sub(int,int);
main()    /* 不必声明所调用的函数 */
{...}
char pt(char c,int a)    /* 定义 pt 函数 */
{...}
int jia(int x,int y)     /* 定义 jia 函数 */
{...}
float sub(int x,int y)   /* 定义 sub 函数 */
{...}
```

（3）如果函数类型为整型，则在主调函数中可以不做声明。但使用这种方法时，系统无法对参数的类型做检查，因此在调用时若参数使用不当，编译时也不报错。为了程序的安全，建议都加以声明为好。

【案例 7.12】用函数调用实现求 n！。

```
#include<stdio.h>
long fac(int n)  /* 定义 fac 函数 */
{       int i;    long t;
        t=1;
        for(i=1;i<=n;i++)        t=t*i;
        return (t);
}
main()
{         int m;
          long a;  /* 变量 a 存放函数的返回值
*/
          scanf("%d",&m);
          a=fac(m);    /* 函数调用 */
          printf("%d!=%ld\n",m,a);
}
```

程序运行时，若输入 10↙，则运行结果为：

10!=3628800

该程序首先定义了一个函数 fac，其功能是用来求 *n* 的阶乘，然后在主调函数中输入一个正数 *m*，通过调用 fac 函数从而求出 *m*!。由于被调函数是在主函数之前定义的，所以在主调函数中不要进行声明。

7.4　函数间的参数传递

在函数的调用过程中，大部分都存在着数据上的联系，主要表现在两个方面：一是外部数据如何传递到函数内部；二是函数内部加工过的数据如何传递给外部程序。

因此 C 程序中，函数间的参数传递有两个方面：函数调用时传递给函数的值；函数调用结束时返回给主调函数的值。

数组作为函数的参数可以以两种形式出现。

（1）数组元素作为函数参数——按值传递，这种方式是将数组元素作为函数实参，和一个普通变量用法相同，函数调用时值传送是把实参变量的值赋予形参变量。

（2）数组名作为函数参数——按地址传递，这种方式数组名实际上是一个常量地址，当用数组名作为实参时，实际上是把该常量地址传给形参。

7.4.1　值传递

值传递是将实参的值传递给形参，函数调用结束后，形参当前的值并不回传给实参。因此值传递方式是单向数据传递。在 C 语言中，当形参是变量，实参是表达式（可以是常量、变量等）时，参数间的数据传递是值传递。传递过程是先计算实参的值，进入函数调用时，系统为形参分配存储空间，然后将实参的具体数值传递到相应的形参中。这样在函数内部，通过对形参的操作实现对外部数据的引用。当函数调用结束时，系统收回形参所占用的存储空间。

值传递的特点：形参和实参各自占用不同的存储空间，在函数内部对形参的任何操作，其结果只能影响形参的值，而不会影响到实参的值。这种方式只能实现外部数据向函数内部的传递，不能实现函数内部数据向外传递。

【案例 7.13】单向值传递。

```
main()
{       int func(int,int);    /* 函数声明 */
        int x=2,y=3,z;
        z=func(x,y);       /* 函数调用 */
        printf("x=%d,y=%d,z=%d\n",x,y,z);
}
```

```
int func(int a,int b)    /* 函数定义 */
{
        int c;
        a=a+2; b=a+b;c=a+b;
        return c;
}
```

程序运行结果为：

x=2,y=3,z=11

当函数调用时，系统给形参分配存储空间，实参 x、y 将数值传递给形参 a、b，然后进入函数体内部进行运算。函数调用结束时，a、b 的值已发生改变，但由于此时是单向的值传递，a、b 的值不能反传给 x、y，所以 x、y 的值并没有改变。c 的值是通过 return 语句带回到主函数中的。函数调用结束后，形参释放空间，值也随之消失。

7.4.2 地址传递

地址传递是将数据的存储地址作为实参传递给形参。按这种方式传递时，形参的类型必须是指针变量或数组名，而实参的类型也只能是变量的地址、数组名（数组的首地址）或指针变量。

地址传递的特点：实参和形参指向同一个内存单元地址，即数据在主调函数和被调函数中占用相同的存储单元，因此对形参的操作会影响实参的值。

【案例 7.14】地址传递。

```
void fun(int a[2])      /* 函数定义 */
{
        int c;
        c=a[0];a[0]=a[1];a[1]=c;
            /* 交换 a[0] 与 a[1] 的值 */
}
```

```
main()
{
        int x[2]={3,8};
        fun(x);      /* 函数调用 */
        printf("x[0]=%d,x[1]=%d\n",
x[0],x[1]);
}
```

程序运行结果为：

x[0]=8,x[1]=3

函数 fun 的功能是将数组中两个单元的内容进行交换。数据传递时，把实参数组 x 的地址传递给形参数组 a。当数组 a 中两个单元的内容实现了交换，那么就相当于数组 x 中的两个单元内容实现了交换。

7.5 数组作为函数参数

数组作为函数的参数有两种形式：一种是把数组元素作为函数的实参，此时形参是普通变量；另一种是把数组名作为函数的实参，此时形参可以是数组名或指针。

7.5.1 数组元素作为函数的实参

数组元素的实质与普通变量相同，因此用数组元素作为函数的实参与普通变量作为函数实参一样，都是把值传递给形参，即单向值传递。

【案例 7.15】数组元素作为函数的实参。

```
#include <stdio.h>
main()
{       int a[7]={3,2,6,9,10,4,8};
        int i,x;
        int fun(int);      /* 函数声明 */
        for(i=0;i<7;i++)
        {       x=fun(a[i]);
             /* 用数组元素作为函数的实参 */
                if(x==1) printf("%d\n",a[i]);    }
}
int fun(int y)    /* 函数定义 */
{
        int z=0;
        if(y-y/2*2!=0) z=1;
        return(z);
}
```

程序运行结果为：

3

9

函数 fun() 在定义时，形参是普通变量，主函数在调用 fun() 函数时，实参是数组元素，因此他们之间的数据传递是值传递。

7.5.2　数组名作为函数的实参

用数组名作为函数实参时，形参和实参都必须是同类型的数组，而且都有明确的数组说明。当两者的类型不一致时，会发生错误。

【案例 7.16】数组名作为函数的实参。

编写函数 sort，其功能是将一维整型数组按从大到小的顺序排序。主函数输入 10 个整型数，调用 sort 函数，对输入的数据进行排序，并在主函数中输出。

对数组的排序在前面已经学习过，现在要编写一个函数，其功能是完成对实参传递进来的数据进行排序，并且还要将排序后的数据传递到主函数中。因此，形参的类型不能是变量，而应是指针变量或数组名。编写程序如下：

```
#include <stdio.h>
main()
{
        void sort();
        int i,a[10];     /* 数组说明 */
        for(i=0;i<10;i++)
        scanf("%d",&a[i]);   /* 数组赋值 */
        sort(a,10);      /* 函数调用 */
        printf(" 数组元素排序后 : \n");
        for(i=0;i<10;i++) printf("%4d",a[i]);
        printf("\n");
}
void sort(int x[],int n)    /* 函数定义，说明了 x 是数组，大小没有确定 */
{
        int k,l,m,t;
        for(k=0;k<n-1;k++)    /* 数组排序 */
        {
                m=k;
                for(l=k+1;l<n;l++)
                        if(x[l]>x[m]) m=l;
                t=x[m];x[m]=x[k];x[k]=t;
        }
}
```

程序运行时输入：3 15 7 62 5 9 8 41 53 67↙，则运行输出结果为：

数组元素排序后：

67 62 53 41 15 9 8 7 5 3

当用数组名作为实参时，要注意以下几点。

（1）形参和实参在被调函数和主调函数中都有明确的数组说明，且类型相同。形参在说明时可以指明数组的长度，也可以不指明数组的长度，如【案例 7.14】形参数组 x 的说明就没有指明长度。

【案例 7.17】形参数组与实参数组类型一致性。

```
void add( float arr2[3] )
// 定义 add 函数形参数组是 float 类型
{
        int i;
        for(i=0;i<=2;i++)
        arr2[i]++;
}
```

```
int main()
{         int arr1[3]={2,5,3},i;
          for(i=0;i<=2;i++)  printf("%d ",arr1[i]);
          printf("\n");
          add( arr1 );              /* 函数调用，实参
数组 arr1 是 int 类型，与形参不一致 */
          for(i=0;i<=2;i++)  printf("%d ",arr1[i]);
          printf("\n");
          return 0;
}
```

程序运行结果为：

2 5 3

1065353216 1065353216 1065353216

从案例运行结果可以看到，程序的本意是将数组的元素值分别 +1。但是因为在 main 函数的函数调用时，实参数组是整型，而定义的形参数组是 float 类型，虽然，形参数组和实参数组为同一个数组，共同拥有一段存储空间，但是每个数组元素存储的方式不一样。在 arr2 函数调用时，元素 +1 是 float 类型的元素 +1，所以改变了存储空间的存储状态。函数调用结束后，返回到主程序时，再次输出数组的值，得到的结果不是预期的结果。

（2）前面已经介绍，数组名实际上就是数组的首地址。因此用数组名作为实参，其实质就是将实参数组的首地址传给形参的数组名，这样形参数组就获得实参数组的首地址，使得形参数组和实参数组为同一个数组，共同拥有一段存储空间。当函数结束时，形参数组内容的改变会影响实参数组的内容。

（3）形参数组和实参数组在定义时，可以长度不同。因为调用时，只传送数组的首地址而不检查形参数组的长度。因此当实参数组的长度与形参数组的长度不一致时，编译不报错，但程序运行结果有可能不正确，这点请读者注意。

【案例 7.18】形参数组与实参数组长度不一致。

```
#include <stdio.h>
main()
{
        int i,a[10]; // 定义数组 a，有 10 个元素
        float p,aver();    /* 函数声明 */
        for(i=0;i<10;i++)  scanf("%d",&a[i]);
        p=aver(a);  /* 函数调用 */
        printf(" 平均值为 : %f\n",p);
}
float aver(int x[5])   /* 定义函数，形参 x 是一个数组，有 5 个元素 */
{
        int k;
        float z=0;
        for(k=0;k<5;k++) z=z+x[k];
        z=z/5;
        return z;
}
```

程序运行时输入：2 13 3 8 1 9 21 30 19 36↙，则运行程序结果为：

平均值为：5.400000

显然，程序的结果是不正确的。程序本意是求数组 a 中所有元素的平均值，但是因为形参数组 x 的长度与实参数组 a 的长度定义得不一样，函数调用时，虽然数组 a 与数组 x 共享一段内存单元，但是在函数 aver() 里参与运算的只有前面 5 个元素，后面 5 个元素没有参与运算，所以程序的结果是不正确的。

（4）多维数组也可以作为函数的参数。在函数定义时可以对形参指定每一维的长度，也可以省略第一维的长度。例如：

```
int sum(int a[5][5]) 或 int sum(int a[][5])   // 两种定义都是合法的，但不能都省略
int sum(int a[][])                           // 此定义是不合法的
```

【案例 7.19】多维数组作为函数的参数。

```
#include <stdio.h>
void main()
{   int amin,a[5][5]={{2,-3,1,4,6},{-9,0,2,7,8},{4,1,0,4,6},{3,-4,8,9,0},{6,5,3,-8,4}};
    int min();     /* 函数声明 */
    amin=min(a);     /* 函数调用 */
    printf("%d\n",amin);
}
int min (int x[5][5])   /* 函数定义 */
{   int i,j,y;
    y=x[0][0];
    for(i=0;i<5;i++)
            for(j=0;j<5;j++)          if(y>x[i][j]) y=x[i][j];
    return(y);
}
```

程序运行结果为：

–9

【思考】

函数 min 的功能是求二维数组 x 中的最小值，主函数调用 min 函数，对给定的数组 a 求最小值。读者考虑：若要求函数 min 不仅能返回二维数组的最小值，还要返回最小值所在的位置，则应该如何编写 min 函数？

7.6 函数的嵌套与递归调用

7.6.1 函数的嵌套调用

C 语言中不允许做嵌套的函数定义。因此各函数之间是平行的，不存在上一级函数和下一级函数的问题。但是 C 语言允许在一个函数的定义中出现对另一个函数的调用。这样就出现了函数的嵌套调用，即在被调函数中又调用其他函数。这与其他语言的子程序嵌套的情形是类似的。其关系如图 7.3 所示。

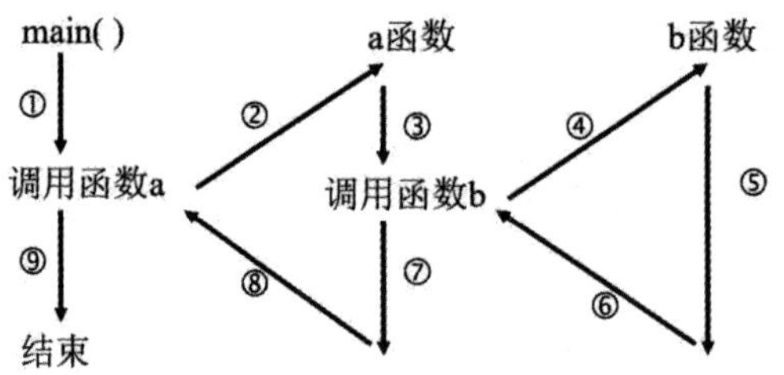

图 7.3 函数嵌套调用示意图

图 7.3 表示了两层嵌套的情形，其具体执行过程如下。

①执行 main 的开头部分。

②遇调用 a 函数语句，程序流程转向执行 a 函数。

③执行 a 的开头部分。

④遇调用 b 函数语句，程序流程转向执行 b 函数。

⑤执行 b 函数的全部操作。

⑥遇 return 语句，程序流程返回到 a 函数中调用 b 函数处。

⑦继续执行 a 函数中尚未执行的部分。

⑧遇 return 语句，程序流程返回到 main 函数中调用 a 函数处。

⑨继续执行 main 函数中尚未执行的部分，直到程序结束。

【案例 7.20】计算 $s=\sum_{k=1}^{10}k!=1!+2!+3!+\cdots+10!$ 。

该案例用函数的方法解决：首先编写一个求 *m* 阶乘的函数 jc，然后编写一个求 *n* 个数据和的函数 sum，在 sum 函数中调用函数 jc，从而完成阶乘的累加和。编写程序如下：

```
#include <stdio.h>
main()
{        long s,sum();   /*sum 函数声明 */
         int k;
         s=sum(10);   /*sum 函数调用 */
         printf("s=%ld\n",s);    }
long sum(int n)     /*sum 函数定义 */
{        long a=0, jc();  /*jc 函数声明 */
         int k;
         for(k=1;k<=n;k++)
a=a+jc(k);   /*jc 函数调用 */
         return a;     }
long jc(int m)     /*jc 函数定义 */
{        long t=1;
         int i;
         for(i=1;i<=m;i++) t=t*i;
         return t;
}
```

程序运行结果为 :

s=4037913

7.6.2　函数的递归调用

一个函数在它的函数体内调用它自身称为递归调用，这种函数称为递归函数。C 语言允许函数的递归调用。在递归调用中，主调函数又是被调函数。执行递归函数将反复调用其自身，每调用一次就进入新的一层。例如：

```
#include <stdio.h>
main()
{
         int a,ss();    /* 函数声明 */
         a=ss(3);    /* 函数调用 */
         printf("a=%d\n",a);
}
int ss(int x)     /*ss() 函数定义 */
{
         int y;
         if(x!=1) y=x+ss(x-1);  /* 调用函数
*/
         else y=1;
         return y;
}
```

程序运行结果为：

a=6

该程序中，主函数调用了 ss 函数，而在 ss 函数中又调用了其自身。第一次调用时将

3 传递给了形参 x，第二次调用时将 2 传递给了形参 x，第三次调用时将 1 传递给了形参 x，此时算出的 y 值是 1，然后再一步一步返回，最终 a 的值为 6。该程序的功能是计算 1+2+3 的值。

在函数的调用过程中直接或间接地调用自己，这就是函数的递归调用。在递归调用中，主调函数又是被调函数，整个递归过程就是函数不断自我调用的过程，但递归过程不能无限制地进行下去，必须有一个结束递归过程的条件。

递归程序的执行过程可分为递推和回归两个阶段。

在递推阶段，把较复杂的问题（规模为 n）的求解推到比原问题简单一些的问题（规模小于 n）的求解；

在回归阶段，当获得最简单情况的解后，逐级返回，依次得到稍复杂问题的解。

【案例 7.21】用递归的算法求 $n!=1\times2\times3\times\cdots\times n$。

由代数知识可知：$n!=n\times(n-1)!$，假设要求 3! 的值，则按上述公式可得：

3!=3 × 2!

2!=2 × 1!

1!=1

即要求出 3!，需先求出 2!；要求出 2!，需先求出 1!；而 1!=1。由 1!=1，可求出 2!=2 × 1！ =2；由 2!=2，可求出 3!=3 × 2!=3 × 2=6。根据上述分析，编写程序如下：

```
#include <stdio.h>
main()
{  long a,tt();  /* 函数声明 */
   int n;
   scanf("%d",&n);
   if(n>=0)
   { a=tt(n);    /* 函数调用 */
     printf("n!=%d!=%ld\n",n,a); }
   else printf("data error !\n");
}
```

```
long tt(int m)    /* 函数定义 */
{
   long t;
   if(m==0 || m==1)  t=1;
   else  t=m*tt(m-1);
          /* 函数递归调用 */
  return t;
}
```

程序运行时，若输入 3↙，则运行结果为：

n!=3!=6

【案例 7.22】求 Fibonacci 数列的前 40 项。

我们在【案例 5.23】和【案例 6.4】中分别用循环和数组的方式实现求 Fibonacci 数列前 40 或 20 项，这里用递归函数实现，编程如下：

```
#include <stdio.h>
int fib(int n)
{  int f;
```

```
  if(n==1||n==2)  f=1;   // 递归结束条件
   else f= fib(n-2)+fib(n-1);          // 递归公式
  return(f );   }
void main(   )
{   int n, s;
    printf(" 请输入一个整数 :");
    scanf("%d",&n);
    s=fib(n);
    printf("fib(%d)=%15d",n,y);   }
```

【说明】

在函数递归调用时，需要确定两点：一是递归公式；二是边界条件。递归公式是递归求解过程中的归纳项，用于处理原问题以及与原问题规律相同的子问题。边界条件即终止条件，用于终止递归。

7.7　变量的作用域和存储方式

7.7.1　变量的作用域

变量的作用域是指变量的有效范围，在该范围里，变量是可用的。例如，函数的形参变量只能在该函数体内有效，离开该函数就不能再用了。例如：

```
int main()
{
    int a, b;
   …
    {
       int c;
       c = a + b;                 // 在复合语句中定义 c 变量
      …
    }                  /* 超出了 c 的有效作用域，c 不再有效 */
   …
}
```

C 语言中，变量的说明方式不同，其作用域也不同，通常分为局部变量和全局变量两类。

1. 局部变量

在一个函数内部定义的变量或复合语句内定义的变量称为局部变量，其作用域仅限于函数内或复合语句内，离开该函数或该复合语句再使用这些变量是非法的。因此，在不同的函数内可以定义同名的局部变量，这些同名变量之间不会发生冲突。例如：

```
float f1(int a)
{  int b,c; // 函数 f1 内 a、b、c 有效
   …}
void main()
{  int m,n,j; //main 函数内 m、n、j 有效
   …}
```

编译系统开始并不给局部变量分配内存，只在程序运行过程中，当局部变量所在的函数被调用时，才临时分配内存，调用结束后立即释放空间。如果变量名相同，则局部变量优先。

【案例 7.23】局部变量的使用。

```
#include <stdio.h>
void aa();    /* 函数声明 */
main()
{        int x=3;
         //x 为局部变量，在 main 函数内有效
         printf("***x=%d, ",x);
         aa(); /* 函数调用 */
         printf("*****x=%d\n",x);
}
void aa()   /* 函数定义 */
{        int x;
         //x 为局部变量，在 aa 函数内有效
         x=10;
         printf("++++x=%d, ",x);       //aa 函数内的 x 变量与 main 函数的 x 变量不同
}
```

程序运行结果为：

*****x=3, ++++x=10, *****x=3**

主函数体内的变量 x 在主函数里有效，函数 aa 内的变量 x 同样只在 aa 里有效，它们之间并不相互干扰。因此，在调用 aa 函数前输出的 x 值是 3；而调用函数 aa 时（即进入 aa 函数体），aa 函数里的 x 起作用，所以在函数体里输出的 x 值是 10；而调用结束返回主函数时，aa 函数里的变量 x 无效，主函数里的 x 起作用，因此输出的 x 值是 3。

【案例 7.24】变量名相同，局部变量优先。

```
#include <stdio.h>
main()
{
   int t=10;
   {                                    /* 复合语句开始 */
          int t=20;
```

```
        printf("****%d, ",t);
    }                                /* 复合语句结束 */
    printf("******%d\n",t);
}
```

程序运行结果为：

******20, ******10**

主函数里有一个复合语句，复合语句里有一个变量 t，它与主函数体里的变量 t 同名，由于他们各自的有效范围不同，因此并不相互干扰。也就是在复合语句里，t 的值为 20，离开复合语句，t 的值为 10。

【思考】上例程序中，若把复合语句中 int t=20; 修改为 t=20;，则程序执行结果是什么？为什么？

2. 全局变量

在所有函数（包括 main 函数）之外定义的变量称为全局变量，也叫外部变量。它不属于任何函数，而属于一个源程序文件，其作用域是从定义的位置开始到本源程序文件结束，并且默认初值为 0。在一个源程序中，全局变量和局部变量可以同名，在局部变量有效的范围内，全局变量不起作用。

• 全局变量作用域是整个源程序。

• 在函数中使用全局变量，一般应做全局变量说明。

• 在一个函数之前定义的全局变量，在该函数内使用可不再说明。如果要在定义之前使用该全局变量，用 extern 加以说明，则可扩展全局变量的作用域。

【案例 7.25】全局变量的使用。

```
#include <stdio.h>
int a=5;            /* 外部变量定义 */
main()
{  void funn();            /* 函数声明 */
   int a=10;                            /* 局部变量定义 */
   printf("****a=%d，",a);
   {              /* 复合语句开始 */
        extern int a;             /* 外部变量的说明 */
        printf("******a=%d，",a);   /* 此时局部变量 a 无效，引用外部变量 a*/
   }              /* 复合语句结束 */
   funn();
}
void fun()
{  printf("****a=%d\n",a);  /* 引用外部变量 a*/ }
```

程序运行结果为：

******a=10，******a=5，****a=5**

从上面的例子可以看出外部变量的定义和说明（声明）并不是一回事。外部变量的定义必须在所有函数之外，且只能定义一次。其一般形式为：

[extern] 类型说明符 变量名 1, 变量名 2,⋯, 变量名 *n*;

其中，[ ] 表示 extern 可以省略。

外部变量的说明出现在要使用该外部变量且该变量已在函数体内又被定义过的函数内。如【案例 7.25】中的变量 a，在主函数中又重新被定义，因此当要使用外部变量 a 时，必须要用 extern 对 a 进行说明。而在 fun 函数中，由于没有对 a 进行重新定义，所以在使用时不需要说明。外部变量说明的一般形式：

extern 类型说明符 变量名 1, 变量名 2,⋯, 变量名 *n*;

外部变量在定义时就分配内存空间，在定义的同时可以赋初值，而外部变量的说明只是表明在该函数内或复合语句内要使用外部变量，不能在说明的同时赋初值。假设将【案例 7.25】main 函数中外部变量说明语句 extern int a; 改为 extern int a=30;，则是非法的。

全局变量增加了函数的联系渠道，带回多于一个返回值，节省了部分内存和执行时间。但全局变量始终占用内存，降低了函数的独立性、可靠性和通用性。

从模块化程序设计的观点来看这是不利的，因此尽量不要使用全局变量。

【*思考*】分析以下程序的运行结果。

程序一：

```
int vs(int t, int w)
{       extern int h;
        int v;
        v= t*w*h;
   return  v;
}
main()
{
        extern int w,h;
        int   t=5;
        printf("v=%d",vs( t, w));
}
int  t=3,w=4,h=5;
```

程序二：

```
#include <stdio.h>
int a=3 , b=5;
int max(int a,int b)
{
        int c;
        c=a>b?a:b;
        return c;
}
void main()
{
        int a=8;
        printf("%d\n" , max(a,b));
}
```

7.7.2　变量的存储方式

在 C 语言中，变量是对程序中数据所占内存空间的一种抽象定义，定义变量时，用户定义变量的名、变量的类型，这些都是变量的操作属性。不仅可以通过变量名访问该变量，系统还通过该标识符确定变量在内存中的位置。

变量的存储方式是指变量使用内存空间的方式，通常可分为动态存储和静态存储两种。

（1）静态存储是指变量存储在内存的静态存储区，在编译时就分配了存储空间，在整个程序的运行期间，该变量占有固定的存储单元，程序结束后，这部分空间才释放，变量的值在整个程序中始终存在。例如，全局变量就属于这种存储方式。

（2）动态存储是指变量存储在内存的动态存储区，在程序的运行过程中，只有当变量所在的函数被调用时，编译系统才临时为该变量分配一段内存单元，函数调用结束，该变量空间释放，变量的值只在函数调用期间存在。

因此，静态存储变量是一直存在的，而动态存储变量则时而存在、时而消失。这种由于变量存储方式不同而产生的特性称为变量的生存期。生存期表示了变量存在的时间。生存期和作用域是从时间和空间两个不同的概念来描述变量的特性，两者既有关联，又有区别。一个变量究竟属于哪种存储方式，不能仅从其作用域来判断，还应考虑变量的存储类型。

在计算机中，保存变量当前值的存储单元有两类：一类是内存；另一类是 CPU 的寄存器。变量的存储类型关系到变量的存储位置，C 语言中定义了 4 种存储属性，具体如下。

- auto（自动变量）：自动存储类型。
- register（寄存器变量）：寄存器存储类型。
- static（静态变量）：静态存储类型。
- extern（外部变量）：外部存储类型。

存储类型关系到变量在内存中的存放位置，由此决定了变量的保留时间和变量的作用范围。对于不同的存储类型，变量存放的位置不同：auto 类型存储在内存的堆栈区中；register 类型存储在 CPU 的通用寄存器中；static 类型存储在内存数据区中；extern 类型用于多个编译单位之间数据的传递。下面逐一介绍。

1. 自动类型 (auto)

在变量定义的类型前面加上 auto，就将变量说明为自动类型。其一般形式为：

auto 类型说明符 变量名 1, 变量名 2,⋯, 变量名 *n*;

例如：

```
auto int a=2;
auto float b=3.5;
```

C 语言规定：函数内凡未加存储类型说明的变量均视为自动类型存储的变量（简称自

动变量），因此上述两个语句分别与下面两个语句等价：

```
int a=2;
float b=3.5;
```

【案例 7.26】自动变量的应用。

```
#include <stdio.h>
void main()
{   auto int a=2,b=20;  /* 定义 a、b 是自动变量 */
    {       auto int a=6;   /* 在复合语句中重新定义 a 是自动变量 */
            printf("a=%d,b=%d\n",a,b);      }
    printf("a=%d,b=%d\n",a,b);
}
```

程序运行结果为：

a=6,b=20

a=2,b=20

案例中在 main 函数和复合语句里，分别定义了变量 a 是自动变量。根据局部变量优先的原则，在复合语句里，由复合语句定义的 a 起作用，所以输出的 a 是 6，而 b 只在 main 函数中定义，其作用域是 main 函数体，因此在复合语句里同样起作用，所以输出的 b 是 20。退出复合语句，由主函数定义的 a 起作用，因此输出的 a 是 2，同样 b 是 20。

2. 寄存器类型

在变量定义的类型前面加上 register，就将变量说明为寄存器类型。其一般形式为：

register 类型说明符 变量名 1, 变量名 2,…, 变量名 *n*;

例如：

```
register int a;
register char str;
```

寄存器类型变量（简称寄存器变量）属于动态存储方式，其生存期和作用域与自动类型变量相同，只不过系统把这类变量直接分配在 CPU 的通用寄存器中。当需要使用这些变量时，无须访问内存，直接从寄存器中读写，提高了效率。一般寄存器变量只能是 int、char 或指针型，当 CPU 无法分配寄存器时，编译系统会自动地将寄存器变量变为自动变量。

【案例 7.27】寄存器变量的应用。

```
#include <stdio.h>
void main()
{   register int k,s=0;                     // 定义寄存器变量
    for(k=1;k<=10;k++) s+=k;
    printf("s=%d\n",s);
}
```

程序运行结果为：

s=55

本程序的功能是求 1+2+…+10 之和，显然变量 k 和 s 都要经常使用，因此可将这两个变量定义为寄存器变量。

在使用寄存器变量时，需要注意以下几点。

（1）寄存器变量都是局部可用的，只能定义在本函数体内；凡用静态方式存储的变量（如全局变量），都不能定义为寄存器变量。

（2）函数中的变量和函数的形参可以定义为寄存器变量。

（3）在使用寄存器变量时，若不对变量赋初值，则其初值是随机的。

（4）寄存器变量没有地址，因此取地址运算符（&）不能用于寄存器变量。

（5）寄存器变量一般用于使用比较频繁的变量，这样可以提高程序的运行速度。

3. 静态类型

在变量定义的类型前面加上 static，就将变量说明为静态类型。其一般形式为：

static 类型说明符 变量名 1, 变量名 2,…, 变量名 *n*;

例如：

static int a,b,c;

static float x,y;

静态类型变量（简称静态变量）一般分为外部静态变量和内部静态变量两种。

1）外部静态变量

外部静态变量与外部变量相似，是一种公用的全局变量，但作用域不同：外部变量的作用域是整个源程序，而外部静态变量只在定义它的源文件里有效，在同一源程序的其他源文件里不能使用。

【案例 7.28】外部静态变量的应用。

```
#include <stdio.h>
static int x=2;  /* 定义 x 是外部静态变量 */
int y=5;  /* 定义 y 是外部变量 */
sum1()
{       x*=y;y=x+y;
        printf("sum1:x=%d,y=%d\n",x,y);  }
main()
{
        printf("main:x=%d,y=%d\n",x,y);
        sum1();
        printf("main:x=%d,y=%d\n",x,y);
}
```

程序运行结果为：

main:x=2,y=5

sum1:x=10,y=15

main:x=10,y=15

在该程序中，外部静态变量 x 和外部变量 y 的作用域是一样的，都是整个程序。

2）内部静态变量

内部静态变量与自动变量相似，局限于一个特定的函数，退出定义它的函数，即使对于同一文件中的其他函数也是不可用的。但它与自动变量又不同：内部静态变量的值是始终存在的，当函数被调用结束后，内部静态变量保存其值。也就是说，编译系统为内部静态变量分配专用的永久性存储单元，下次调用时原来保存的数据仍有效。

【案例 7.29】内部静态变量的应用。

```
#include <stdio.h>
void fun()
{   static int a=0;
    /* 变量 a 被说明是内部静态变量 */
    a+=2;
    printf("%2d",a);
}
main()
{
   int n;
   for(n=1;n<4;n++)
   fun();  /* 函数调用 */
   printf("\n");
}
```

程序运行结果为：

2 4 6

由于变量 a 被说明是内部静态变量，因此第一次调用 fun 函数结束时，变量 a 的值变成 2；第二次调用 fun 函数，语句 static int a=0; 不起作用，因为内部静态变量 a 的值已经等于 2，因此执行语句 a+=2; 后，a 的值变成 4；同样，第三次调用 fun 函数时，内部静态变量 a 的值已经等于 4，执行语句 a+=2; 后，a 的值变成 6。

在使用内部静态变量时要注意以下几点。

（1）内部静态变量是局部可用的。

（2）内部静态变量的作用域是在所定义的花括号"{}"内有效，其生存期从定义开始直到程序结束，退出花括号"{}"，值不丢失，只是不能引用。

（3）若没有给内部静态变量赋初值，则系统自动赋初值 0。

局部静态变量是一种生存期为整个源程序的量。虽然离开定义它的函数后不能使用，但如再次调用定义它的函数时，它又可继续使用，而且保存了前次被调用后留下的值。因此，当多次调用一个函数且要求在调用之间保留某些变量的值时，可考虑采用局部静态变量。虽然用全局变量也可以达到上述目的，但全局变量有时会造成意外的副作用，因此仍以采用局部静态变量为宜。

4. 外部类型

在变量定义的类型前面加上 extern，就将变量说明为外部类型。其一般形式为：

extern 类型说明符 变量名 1, 变量名 2,…, 变量名 *n*;

例如：

```
extern int a;
extern float b;
```

外部类型变量（简称外部变量）是定义在所有函数之外的全局变量，在所有函数体内部都是有效的，因此函数间可以通过外部变量直接共享数据。

如果外部变量的定义与使用在同一个文件中，则该文件的函数在使用外部变量时不需要进行其他说明，直接使用即可；如果外部变量的定义与使用在两个不同的文件中，则在使用外部变量之前用“extern”存储类型加以说明。

【案例 7.30】外部变量的应用。

```
#include “stdio.h”
int a,b=5;          /* 定义 a、b 是外部变量 */
main()
{       int a=10; /* 定义 a 是自动变量 */
        void subb();              /* 函数说明 */
        subb();                   /* 函数调用 */
        printf(“main1:a=%d,b=%d\n”,a,b);
        { extern int a;
/* 在复合语句里使用外部变量 a*/
          subb();                 /* 函数调用 */
        }
        printf(“main2:a=%d,b=%d\n”,a,b);
}

void subb()         /* 函数定义 */
{
        a=a+1;
        b=a+b; /* 使用外部变量 */
        printf(“subb:a=%d,b=%d\n”,a,b);
}
```

程序运行结果为：

subb:a=1,b=6
main1:a=10,b=6
subb:a=2,b=8
main2:a=10,b=8

从该例可以看出以下几点。

（1）若没有对外部变量赋初值，系统自动赋初值 0。

（2）外部变量的生存期是在文件中，作用域从定义开始直到文件结束，也可以通过说明改变其作用域。

（3）外部变量是从变量的存储方式上来定义的，表示变量的生存期；全局变量是从变量的作用域上来定义的，表示变量的有效范围。

7.7.3　内部函数和外部函数

函数的本质是全局的，因为一般函数都要被另外的函数调用，但也可以指定函数不能被其他函数调用。根据函数是否能被其他函数调用，将函数分为内部函数和外部函数两种。

1. 内部函数

如果一个函数只能被本文件中其他函数调用，则该函数称为内部函数。在定义内部函数时，只需在函数名和函数类型的前面加 static。其一般形式为：

static 类型说明符 函数名（形参表）

例如：

static long tt(int a)

内部函数又称静态函数。使用内部函数，可以使函数仅局限于所在的文件，这样在不同文件中同名内部函数之间相互不干扰。通常把只能由同一文件使用的函数和外部变量放入一个文件中，并在它们前面加上 static，使之局部化，这样其他文件就不能引用。

2. 外部函数

在定义函数时，如果在函数名和函数类型的前面加 extern，则表示该函数是外部函数，可供其他函数调用。其一般形式为：

extern 类型说明符 函数名（形参表）

例如：

extern long tt(int a)

这样函数 tt 就可以被其他函数调用。C 语言规定：若在定义函数时省略 extern，则隐含为外部函数。本书前面所用的函数都是外部函数。

若在函数中需要调用外部函数，则要用 extern 声明。

7.8 典型程序应用

【案例 7.31】写两个函数，分别求两个整数的最大公约数和最小公倍数，在主函数中调用这两个函数并输出结果。

求最大公约数可以采用辗转相除法，现编写一个函数 gcd 来实现该功能。最小公倍数的求法是将两数相乘，然后再被最大公约数相除，得到的值就是最小公倍数，现编写一个函数 gcm 来实现该功能。主函数 main 分别调用这两个函数，并进行输出。编写程序如下：

```
#include "stdio.h"
main()
{
    int gcd(),gcm();          /* 函数声明 */
    int a,b,abd,abm;
    printf("intput data a b:\n");
    scanf("%d,%d",&a,&b);
    abd=gcd(a,b);             /* 函数调用 */
```

```
int gcd(int x,int y) // 定义最大公约数函数
{       int t;
        if(x<y) {t=x; x=y; y=t;}
        while(y!=0)
         { t=x%y; x=y; y=t;}
        return x;    }
int gcm(int x,int y,int z)  // 定义最小公倍数函数
{
```

```
    abm=gcm(a,b,abd);       /* 函数调用 */
    printf("abd=%d,abm=%d\n",abd,abm);
}
                                         int t;
                                         t=x*y/z;
                                         return t;  }
```

程序运行时，若输入 36,24↙，运行结果为：

abd=12,abm=72

【案例 7.32】函数 sum 的功能是求 *n* 个实型数据的和，函数 min 的功能是求数组 a 中最小元素及所在的位置，主函数调用这两个函数，求 x[4][4] 中每行元素的和，并求和中最小数及所在的位置。

本程序中，min 函数的编写是关键。求数组中的最小元素，前面已经介绍过，但现在还要求最小数所在的位置，而函数的返回值只有一个，应该怎么做呢？编写这个函数时，让其返回值是最小数的位置而不是最小数。当然，也可以通过指针的方法将最小数的位置传出来，这种方法在学习过指针后再考虑。main 函数给数组 x 赋值，注意必须用 scanf 函数将一个实型数赋给普通变量，然后通过这个普通变量将数值赋给数组 x。编写程序如下：

```
#include "stdio.h"
main()
{       int i,j,k;
        int min();                  /* 函数声明 */
        float sum();                /* 函数声明 */
        float x[4][4],y[4],p,s[4];
        for(i=0;i<4;i++)
         for(j=0;j<4;j++)
          { scanf("%f ",&p);  x[i][j]=p;
                }                   /* 数组赋值 */
        for(i=0;i<4;i++)
        { for(j=0;j<4;j++) y[j]=x[i][j]; /* 赋值 */
          s[i]=sum(y,4); /* 函数调用 */
        }
        k=min(s,4); /* 函数调用 */
        for(i=0;i<4;i++)
        printf("%.1f ",s[i]); /* 输出 */
        printf("\n");
        printf("%.1f  %d\n",s[k],k);      /* 输出
和中最小值及所在的行数 */
}
float sum(float a[],int n)          /* 函数定
义 */
{       float ss=0;  int i;
        for(i=0;i<n;i++) ss=ss+a[i];
        return ss;
}
int min(float a[],int n)   /* 函数定义 */
{
        int i,k=0;
        for(i=0;i<n;i++)
                if(a[i]<a[k]) k=i;
                return k;
}
```

程序运行时，若输入：2.1 1.3 3.5 6.8 5.1 7.9 4.5 3.9 9.2 3.6 7.8 8.2 2.7 6.9 1.7 5.7↙

运行结果为：

13.7 21.4 28.8 17.0 13.7 0

【案例 7.33】用递归的方法编写一个函数 ssq 实现 $1^2+2^2+\cdots+n^2$。主函数调用该函数，计算并输出 $1^2+2^2+\cdots+20^2$ 之和。

```
#include "stdio.h"
main()
{       long ssq(),t;
t=ssq(20);
        printf("%ld\n",t);
}
```

```
long ssq(int n)
{       long y;
        if(n==1) y=1;
        else y=n*n+ssq(n-1);
        return y;
}
```

程序运行结果为：

2870

【案例 7.34】用函数求总成绩、平均成绩。

```
#include <stdio.h>
float sum(float score1,float score2)                // 求和
{  return score1+score2;  }
float avg(float score1,float score2)          // 求平均值
{  return (score1+score2)/2;  }
main()
{   float score1,score2;  float sum1=0,avg1=0;
  printf("请输入第一门课学生成绩：");   scanf("%f ",&score1);
  printf("请输入第二门课学生成绩：");   scanf("%f ",&score2);
  sum1=sum(score1,score2);              // 调用函数
  avg1=avg(score1,score2);              // 调用函数
  printf("该学生总分为：%5.2f，平均分为：%5.2f\n",sum1,avg1);
}
```

运行程序，输入两门课程成绩 86 和 94，则程序运行输出：

该学生总分为：180.00，平均分为：90.00

第 8 章　指针

指针是 C 语言的重要数据类型，同时也是 C 语言的重要特点和精华所在。灵活正确地使用指针，可以有效地表达复杂的数据类型，方便地使用数组和字符串以及在函数之间传送数据，还可以使程序简洁、紧凑和高效。直接处理内存地址有助于设计高效的系统软件。然而，指针又是初学者比较难掌握的内容，因此需要引起高度重视。通过本章的学习，了解 C 语言中指针和指针变量的概念、指针与数组、指针与函数的关系等；掌握指针变量、指针数组的定义和使用，以及在数组和字符串问题、函数问题等方面应用指针解决问题的方法。

8.1　指针的基本概念

8.1.1　指针的概念

1. 内存及其地址

尽管计算机技术的发展日新月异，但是现代的计算机仍然采用“基于程序存储和程序控制”的冯 · 诺依曼原理。“程序存储”就是在程序运行之前将程序和数据存入计算机内存。内存是由大量的存储单元（字节）组成的。为了方便地寻找内存中存放的程序实体（变量、数组、函数等），必须将存储单元编号，这就是内存的地址。由于不同的程序实体占据存储单元的数量不同，例如，存储 char 型的变量需要 1 个字节，存储 int 型的变量需要 2 个字节，存储 long 型和 float 型的变量需要 4 个字节，等等，因此规定程序实体的内存地址就是它们在相应的内存存储区域的第一个字节的编号。例如，一个有 5 个元素的 float 类型的数组 a，若 a[0] 的地址为 2000，则 a[1] 的地址为 2004，……，a[4] 的地址为 2016（见图 8.1）。

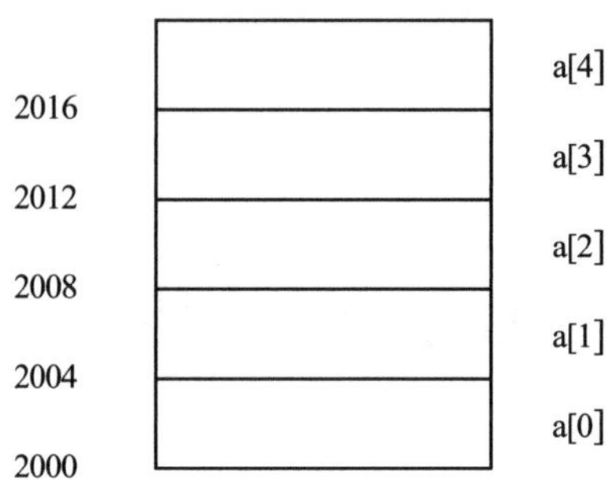

图 8.1　内存地址

2. 变量地址的获取

变量的存储单元是在编译时（对静态存储变量）或程序运行时（对动态存储变量）分配的，因此变量的地址不能人为确定，而要通过取地址运算符“&”获取。例如，在如下的程序段中：

```
int a; float b; char c;
scanf（"%d%f%c",&a,&b,&c）;
```

由 &a、&b 和 &c 分别得到变量 a、b 和 c 的内存地址。值得注意的是，由于常量和表达式没有用户可操作的内存地址，因此 & 不能作用到常量或表达式上。

3. 指针与指针变量

前面曾经提到，如果定义一个变量，就会在内存开辟空间存放变量的数据。在程序中引用变量名来使用这个内存空间，而编译时计算机则使用内存的地址来引用它。如果定义了一个整型变量 int a=10;，内存就开辟了一个整型变量的空间存放 a 的值，内存单元和地址的关系如图 8.2 所示。

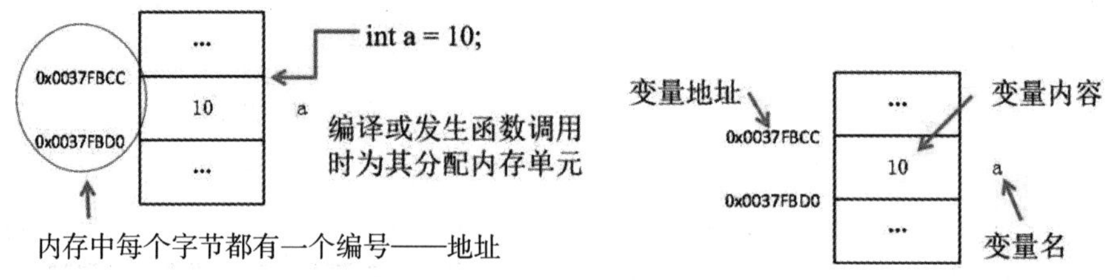

图 8.2　内存单元和地址的关系

由于每一个变量都有一个对应的内存地址，因此还可以定义一个存放内存地址的变量，就是指针，存储在指针中的地址是另一个变量的首地址。例如，定义指针变量 p，存放变量 a 的首地址，变量 a 是一个值为 10 的整型变量，存储在 p 中的地址是 a 的第一字节的地址。

通过变量的地址可以找到该变量所在的存储空间，所以说该变量的地址指向该变量

所在的存储空间，该地址是指向该变量的指针。

指针变量是专门存放变量（或其他程序实体）地址的变量。指针变量也需要存储单元（存放地址值的整数），它本身也有地址。例如，让变量 p 存放整型变量 a 的地址，如图 8.3 所示，这样，由变量 p 的值（地址，图 8.3 中为 0x0037FBCC）就可以找到变量 a，因此称变量 p 指向变量 a，变量 p 就是指针变量，它存放的地址就称为“指针”。

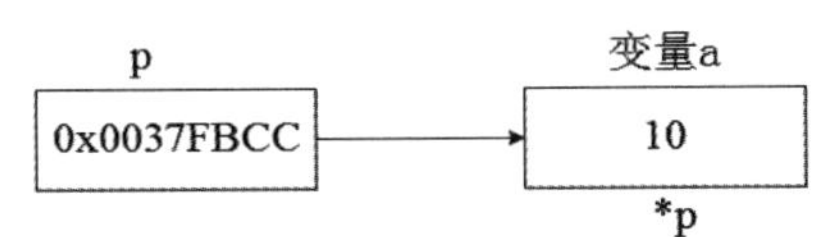

图 8.3　指针变量示意图

4. 直接访问方式与间接访问方式

有了指针变量以后，对一般变量的访问既可以通过变量名进行，也可以通过指针变量进行。通过变量名或其地址（如 a 或 &a）访问变量的方式叫直接访问方式；通过指针变量（如 p）访问它指向的变量（如 a）的方式叫间接访问方式。

例如，如图 8.3 所示指针变量定义，访问到变量的值 10 就可以用变量名 a 直接访问，或者用指针变量 *p 间接引用的方式访问。

8.1.2　指针变量的定义与初始化

1. 指针的类型

指针的类型又称指针的基类型，即指针所指向的程序实体（如变量、数组）的类型，由此可确定程序实体所占用内存的字节数。当指针变量移动（存放的地址值变化）时，以这个字节数为单位，因此就用这个类型定义指针变量，且往往与它指向的程序实体一起定义，因此就称“指针变量的类型”或简称“类型”。

2. 指针变量的定义

指针变量定义的形式为：

类型 * 指针变量名 1,* 指针变量名 2,…,* 指针变量名 *n*;

定义了指针变量以后，就为指针变量分配存储单元，准备存储地址值。例如：

float *pi，*pj;// 定义了两个实型的指针变量，并为它们各分配 2 字节的存储单元

注意：“*”表示其后的变量是指针变量，而不是指针变量名的一部分。

例如：

int a, b,*p1, *p2; p1=&a; p2=&b;

经过以上定义后，实际上是定义了两个指针变量 p1 和 p2，分别指向 a 和 b；而指针变量 p1、p2 的类型均是 int 类型，指针变量指向变量的值可用 *p1 和 *p2 表示。

3. 指针变量的初始化

上面定义的指针变量都没有存储地址值，也就没有指向，其值是随机的，这时的指针变量被称为“野指针”。只有被赋值以后，指针变量才有确定的指向。指针变量定义后应立即赋给它地址值。给指针变量赋地址值的方法有两种，具体如下。

（1）定义指针变量时初始化赋值，例如：

```
int a; int *p=&a;
```

（2）在程序执行部分赋值，例如：

```
int a,*p=&a;
```

注意：“& 变量名”中的“变量名”必须在指针变量名之前定义。

8.1.3 指针的赋值及引用

1. 指针变量的赋值

在函数的执行部分给指针变量赋地址值有以下几种情况。

（1）赋给同类型普通变量求地址运算得到的地址值。例如：

```
int k=10,*p,*q;q=&k;
```

这时 scanf（"%d",&k）; 与 scanf（"%d",q）; 作用相同。

（2）通过已有地址值的指针变量赋值。例如：

```
int k=10,*p,*q;q=&k;
p=q;                /* 给指针变量 p 赋值（注意 p、q 的基类型应相同），这时指针变量 p 和 q 指向同一个变量 k*/
```

（3）通过标准函数获得地址值（感兴趣的读者请查阅标准函数的介绍）。

（4）给指针变量赋空值，例如：

```
p=NULL;
```

NULL 由 stdio.h 定义为 0，它也等同于 '\0'，意为“空指针”。这样做的目的：让指针变量存有确定的地址值又不指向任何变量（类似于给数值型变量赋初值 0）。

2. 指向运算和指针变量的引用

（1）指向运算符 *

* 运算符作用在指针（地址）上，代表该指针所指向的存储单元（及其值），实现间接访问，因此又叫“间接访问运算符”。例如：

```
int a=5, *p; p=&a;
printf（"%d",*p）;                //*p 的值为 5，与 a 等价
```

* 运算符为单目运算符，与其他的单目运算符具有相同的优先级和结合性（右结合性）。根据 * 运算符的作用，* 运算符和取地址运算符 & 互逆。例如，*（&a）等价于 a，&（*p）等价于 p。

（2）指针变量的引用

知道了指针变量的作用以及相关的运算符以后，就可以引用指针变量了。

注意：在定义指针变量时，“*”表示其后是指针变量；在执行部分的表达式中，“*”是指向运算符。

【案例 8.1】指针变量定义及引用。

```
#include <stdio.h>
main()
{   int  a=10,*p=&a;
    printf("*p=%d, ",*p);  /* 打印指针变量 p 所指向的变量 a 的值 10 */
    printf("Enter a: ");
    scanf("%d",p);    /* 对指针变量 p 所指向的变量 a 的地址读入整数 */
    printf("a=%d, ",a);
    printf("p=%x, ",p);  /* 输出指针变量 p 存储的变量 a 的地址 */
    printf("&p=%x, ",&p);  /* 输出指针变量 p 自身的地址 */
    *p=5;     /* 把 5 赋给 p 所指向的存储单元，相当于 a=5;*/
    printf("a=%d, ",a);
    (*p)++;             /* 使指针变量 p 所指向的存储单元的值自增，相当于 a++;*/
    printf("a=%d ",a);
}
```

运行程序，若输入 a 值为：20↙，则程序运行结果为：

a=20，p=19ff30，&p=19ff2c，a=5，a=6

【案例 8.2】指针变量定义及引用。

```
#include <stdio.h>
int main()
{
    int  a=8;
    int  *p=&a;
    printf("%d,", a );                  // 直接引用变量
    printf("%d,", *p );                 // 间接引用指针变量指向的变量
    printf("%d,", *&a );                //* 运算符与取地址运算符“&”互相抵消
    printf("%d,", *(&a) );              //* 运算符与取地址运算符“&”互相抵消
    printf("%d,", (*p)++ );             // 间接引用指针变量指向的变量，变量值 +1
    printf("%d,", *p++ );    // 间接引用指针变量指向的变量，指针变量指向下一个
    printf("%d\n", *(&a) );             //* 运算符与取地址运算符“&”互相抵消
}
```

程序运行结果为：

8,8,8,8,8,9,9

【思考】分析下列程序执行的结果。

```
#include<stdio.h>
main()
{   int a,b,*p; a=5; p=&a; b=*p+5;
    printf("a=%d,*p=%d,b=%d\n",a,*p,b); }
```

【案例 8.3】输入两个数，将数从大到小输出。

方案一：定义两个指针变量 p1、p2，将 i1、i2 的地址分别存入 p1、p2，当 i1<i2 时利用指针变量 p1、p2 交换 i1、i2 的值然后输出。程序如下：

```
#include<stdio.h>
main()
{   int i1, i2, *p1, *p2, t; p1=&i1; p2=&i2;
    printf("Enter two numbers:\n");
    scanf("%d %d",p1,p2);                   /* 利用指针变量输入 i1、i2 的值 */
    if(i1<i2)       {       t=*p1;*p1=*p2;*p2=t;  } /* 利用指针变量的指向操作交换值 */
    printf("i1=%d,i2=%d\n",i1, i2);
}
```

运行程序，若输入的两个数为 3 5↙，则程序执行结果为：

i1=5,i2=3

【思考】如果将变量定义改为 int i1, i2, *p1, *p2, *p；交换 i1、i2 值的语句改为 if(i1<i2){p=p1; p1=p2; p2=p;} 或者 if(i1<i2){*p=*p1; *p1=*p2; *p2=*p;}，程序执行结果将会怎样呢?

第一种情况，程序被修改如下：

```
#include<stdio.h>
main()
{   int i1, i2, *p1, *p2, *p;           /* 定义第三个指针变量 p */
    p1=&i1; p2=&i2;
    printf("Enter two numbers:\n");
    scanf("%d %d",p1,p2);                   /* 利用指针变量输入 i1、i2 的值 */
    if(i1<i2)
    {p=p1; p1=p2; p2=p;}                /* 交换指针变量 p1、p2 存放的地址值 */
    printf("i1=%d,i2=%d\n",i1, i2);            }
```

这种情况下，在 i1<i2 的情况下，利用临时指针变量 p 交换指针变量 p1、p2 存放的

地址值，而 i1、i2 的值没有改变，因此题目的要求没有实现。但这种情况下，如果将输出语句修改成打印指针变量指向的变量，程序运行结果正确。程序如下：

```
#include<stdio.h>
main()
{   int i1, i2, *p1, *p2, *p;              /* 定义第三个指针变量 p */
    p1=&i1; p2=&i2;
    printf("Enter two numbers:\n");
    scanf("%d %d",p1,p2);                   /* 利用指针变量输入 i1、i2 的值 */
    if(i1<i2)  {p=p1; p1=p2; p2=p;}  /* 交换指针变量 p1、p2 存放的地址值 */
    printf("max=%d,min=%d\n",*p1, *p2);            }
```

第二种情况，程序被修改如下：

```
#include<stdio.h>
main()
{   int i1, i2, *p1, *p2, *p;              /* 定义第三个指针变量 p */
    p1=&i1; p2=&i2;
    printf("Enter two numbers:\n");
    scanf("%d %d",p1,p2);                   /* 利用指针变量输入 i1、i2 的值 */
    if(i1<i2)  {*p=*p1; *p1=*p2; *p2=*p;} /* 交换指针变量 p1、p2 指向变量的值 */
    printf("i1=%d,i2=%d\n",i1, i2); }
```

这种情况下，在 i1<i2 的情况下，利用 3 个指针变量的指向操作交换 i1、i2 的值。问题是指针变量 p 没有存放普通变量的地址，是“野指针”，因此也是错误的。此时如果在定义时，将变量 p 指向一个普通变量，则程序运行符合要求。程序如下：

```
#include<stdio.h>
main()
{   int i1, i2,x,*p1, *p2, *p=&x;/* 定义第三个指针变量 p，同时将 p 指向变量 x */
    p1=&i1; p2=&i2;
    printf("Enter two numbers:\n");
    scanf("%d %d",p1,p2);                   /* 利用指针变量输入 i1、i2 的值 */
    if(i1<i2){*p=*p1; *p1=*p2; *p2=*p;}  /* 交换指针变量 p1、p2 指向变量的值 */
    printf("i1=%d,i2=%d\n",i1, i2); }
```

8.1.4　多级指针的概念

1. 二级指针的概念

上面我们看到，利用指针变量存放普通变量的地址可以访问普通变量。我们也知道，指针变量的存储单元也有地址，那么存放指针变量地址的变量是什么变量呢？由于存放的是地址，显然也是指针变量；由于存放的是指针变量的地址，因此是指向指针的指针变量，或称二级指针变量。如图 8.4 所示，指针变量 p 存放普通变量 x 的地址，二级指针变量 q 存放指针变量 p 的地址。由于有二级指针变量，原来的指针变量又叫一级指针变量。

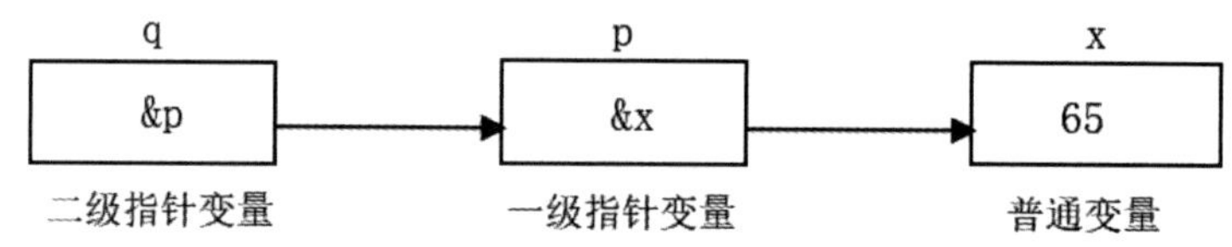

图 8.4　二级指针变量示意图

2. 二级指针变量的定义

二级指针变量的定义形式为：

类型 ** 指针变量名；

与定义一级指针变量相同，语句中的类型也是基类型，即最终存放数据的普通变量的类型，因此，普通变量、一级指针变量、二级指针变量也可以一起定义。例如，图 8.4 中的变量 x、p、q 的定义语句可为：int **q,*p,x;。

注意：与一级指针变量的定义相同，定义了二级指针变量但还没有存放一级指针的地址，也是“野指针”，也不能引用。

要形成图 8.4 的指向关系，可用下面的几条赋值语句给这些变量赋值：

```
q=&p;p=&x;x=65;
```

与一级指针变量取得地址值的方法相同，给二级指针变量赋一级指针变量地址值的方法也有两种，具体如下。

（1）初始化赋值。

（2）在执行部分赋值，或者赋给它另一个同类型二级指针变量的值。

值得注意的是，给指针变量赋地址值时级别一定不能搞错，即一级指针变量只能取得普通变量的地址，二级指针变量只能取得一级指针变量的地址，当然，都不能用整数给它们赋值。

3. 二级指针变量的引用

在二级指针变量已取得一级指针变量的地址，且一级指针变量已取得普通变量地址的前提下，就可通过二级指针变量访问普通变量，方法是用两个连续的指向运算符“**”。

例如：

```
int **q,*p,x;x=65;p=&x;q=&p;
printf("x=%d",**q);// 将打印 x=65 的信息，相当于语句 printf("x=%d",x);
```

表达式 **q 也可以这样理解：由于 q 存放了一级指针变量 p 的地址，*q 即存储单元 p，而 *p 又是存储单元 x，因此 **q==*(*q)==*p==x。

综上所述，在定义了二级指针的情况下，引用最终指向普通变量 x 共有如下 3 种方法。

```
x               /* 直接引用 */
*p              /* 间接引用 */
**q             /* 间接引用 */
```

当然，后两种方法的前提是指针变量都取得了相应的地址值。

4. 多级指针的概念

按照上述二级指针的思路，显然可以推广到三级指针、四级指针……。使用多级指针变量的要点如下。

（1）多级指针变量均用基类型定义，定义几级指针变量时要将变量名前放几个“*”号。

（2）各指针变量均应取得低一级指针变量的地址后才能引用。

（3）引用几级指针变量访问最终普通变量时，变量名前需用几个指向运算符“*”。

【案例 8.4】多级指针的应用。

```
main()
{  int *p1,**p2,***p3,****p4, x=10;
   p1=&x; p2=&p1; p3=&p2; p4=&p3;
   printf("x=%d\n",****p4);
}
```

程序运行的结果为：

x=10

8.2　指针与数组

指针变量有赋值运算，而指针（地址）有指向运算。除此以外，指针（地址）还可以进行什么运算呢？

指针（地址）本质上属于整数，但是，由于存储单元的地址由系统分配，因此指针（地址）不同于整数，而是另外的数据类型。除了赋值运算外，有意义的指针（地址）运算包括下面要介绍的算术运算和关系运算，前提是参加运算的指针（地址）代表了一些连续的存储单元。只有数组元素才占用内存一些连续的存储单元，而每个数组元素相当于一个普通变量。因此，下面介绍的指针运算原则上只适用于数组的情况。

8.2.1 指针与一维数组

1. 指向数组元素的指针变量

由于数组元素与一般变量的存储相同，因此指向数组元素的指针变量也就是一般的一级指针变量，因此定义仍然为：

类型 * 指针变量名 1, 指针变量名 2,⋯, 指针变量名 *n*;

获得地址的方法有如下两种。

（1）指针变量名 =& 数组元素。

（2）指针变量名 = 一维数组名。

由于数组元素在内存中连续存放，知道一个元素的地址，就可求得其他元素的地址，就可以对所有元素进行操作。尤其由于数组名为数组的首地址（下标为 0 元素的地址），因此让指针变量取得数组名这个首地址，是访问数组的常用方法。

【案例 8.5】用指针变量访问数组元素。

可以用 for 循环输入数组 a 的全部元素。用指针变量 p 做循环变量，p 首先取得数组的首地址，以 p<a+10（即 p 的地址值不超过最大下标元素地址）作为循环控制条件，循环修正为 p 每次向高端移动一个整型存储单元，用 p 的指向操作 *p 完成输出数组元素值。程序如下：

```
#include<stdio.h>
main()
{  int a[10], i, *p;
   printf("Enter ten numbers:\n");
   for(i=0; i<10; i++)          scanf("%d", &a[i]);  /* 下标形式引用数组元素 */
   for(p=a; p<a+10; p++)        printf("%4d", *p);  /* 指针形式引用数组元素 */
   printf("\n");
}
```

运行程序，若输入 1 2 3 4 5 6 7 8 9 10↙，则程序输出结果为：

1 2 3 4 5 6 7 8 9 10

【案例 8.6】用指针访问一维数组元素。

```
#include <stdio.h>
main()
{  int a[5]={1,2,3,4,5};     int *p=a;          // 定义指针变量 p 指向数组 a
   printf("%d,%d\n",a,&a[0]); //a 表示 a 数组首地址，&a[0] 表示数组元素 a[0] 的首地址
   printf("%d\n",p);
   printf("%d,%d\n",a[0],*a);        //*a 表示间接访问 a 数组首地址表示变量的值
   printf("%d\n",*p);                }//*p 表示间接访问指针变量 p 指向变量的值
```

程序运行的结果为：

1703712,1703712

1703712

1,1

1

2. 指针的算术运算

指针是一个用数值表示的地址，因此，可以对指针执行算术运算。指针可进行的算术运算有 ++、--、+、-。

指针的算数运算规则如下。

（1）指针变量 ++：指针的每一次递增，它都会指向下一个元素的存储单元。

（2）指针变量 --：指针的每一次递减，它都会指向前一个元素的存储单元。

例如，假设 ptr、qtr 等均指向同一个一维数组的元素（即存放一维数组元素的地址），ptr 是一个指向地址 1000 的整型指针，是一个 32 位的整数。对该指针执行下列算术运算：

ptr++;

在执行完上述运算之后，ptr 将指向位置 1004，因为 ptr 每增加一次，它都将指向下一个整数位置，即当前位置往后移 4 个字节。这个运算会在不影响内存位置中实际值的情况下，移动指针到下一个内存位置。如果 ptr 指向一个地址为 1000 的字符，上面的运算会导致指针指向位置 1001，因为下一个字符位置是在 1001。

（3）指针在递增和递减时跳跃的字节数取决于指针所指向变量数据类型长度，例如：

qtr=ptr+2;// 将 ptr 存放的地址值增加 2 个单元赋给 qtr，即 qtr 指向 ptr 的高端 2 个单元

（4）两指针变量相减的含义是计算它们之间相差的单元数，例如：qtr–ptr 值为 2，即相差 2 个单元。

3. 指针的关系运算

指针可以用关系运算符进行比较，如 ==、< 和 >。

如果 p1 和 p2 指向两个相关的变量，比如同一个数组中的不同元素，则可对 p1 和 p2 进行大小比较。例如：

```
if（p<q）          printf（"p 在内存中 q 的低端。\n"）;
if（p==q）         printf（"p 与 q 指向同一存储单元。\n"）;
if（p=='\0'）      printf（"p 指向 NULL。\n"）;
```

若 p1 和 p2 不指向同一个数组，比较毫无意义。

4. 一维数组元素的地址表示法

定义的数组名可以认为是一个存放地址值的指针变量名，其中的地址是数组第一个元素的地址，也就是数组所占用一串连续存储单元的起始地址。重要的是，这个指针变量中的地址值不可改变，也就是不可以给数组重新赋值。因此，也可以认为数组名是一个地址常量。

例如：

float a[10],*p,x;

语句 a = &x; 或者 a++; 这样的语句是非法的。因为不能给 a 重新赋地址值，定义 a 永远指向 a 数组的首地址。

虽然不可以改变数组名 a 中的内容，但可以利用对数组名加一个整数的办法来依次表达该数组中不同的元素地址。例如：

int a[10],*p; p=a+4 // 等价于 p =&a[4];

再如：

for(k = 0;k<10;k++) p=a+k;

在循环中并没有改变数组名中的内容，但通过表达式 a+k 逐一给出了 a 数组中的每个元素的地址，使 p 依次指向 a 数组中的每一个元素。

如果 p = a 或 p=&a[0] 这两个表达式所要表达的意思是一样的，都是指针 p 指向数组 a 的首地址，那么当要依次访问数组中的每一个元素时，也可以用以下形式：

p++;

a 是数组元素的首地址，a（即 a+0）的值即等于 &a[0]，而 a+1 的值等于 &a[1]。我们一般使用间接访问运算符“ * ”来引用地址所占的存储单元。因此，对于数组 a[0]，可以用表达式 *&a[0] 来引用，也可以用 *(a+0)，还可以用 a[0] 来表示。但需要注意的是，对于 *(p+k) 这样的表达式不能写成 *p+k，因为 *p+k 代表指针取值后再加 k 的值。

在定义了指针变量且接收了数组名首地址，如有 int a[10], *p=a;，也可用 p 组成的地址表达式表示所有元素的地址和元素：

元素的地址	元素
p ≡ &a[0]	*p ≡ a[0]
p+1 ≡ &a[1]	*(p+1) ≡ a[1] 或 p++, *p ≡ a[1]（p 已移动）
p+i ≡ &a[i]	*(p+i) ≡ a[i] 或 p+=i, *p ≡ a[i]（p 已移动）

因此，表示一维数组元素有如下 3 种方法。

（1）a[i] 为下标法。

（2）*(a+i) 为地址法。

（3）*(p+i) 为指针变量法（间接访问）。

这 3 种方法计算机执行的效率分别如下：下标法要将 a[i] 转换成 *(a+i)，效率最低；地址法效率中等；指针变量法直接操作内存地址，效率最高。

另外，用指针变量法 *(p+i) 表示数组元素还有一种等价的表示方法，那就是指针变量的下标运算法，即 p[i] ≡ *(p+i) 都表示 a[i]。从这个意义上也可以说 a[i] ≡ *(a+i) 是常量指针 a 的下标运算。总之，表示下标为 i 的数组元素有以下 4 种方法：a[i]、*(a+i)、*(p+i) 和 p[i]。

其中，a 为数组名指针常量，其值不可改变；p 为指针变量，必须取得数组名首地址，其值可变。另外，用指针变量法表示数组元素还可以让指针变量移动，如 p++; 和 p+=i; 等，然后再用 *p 来表示数组元素。注意：当指针变量已经移动，再用它从头访问数组元素时要将它移回数组开始处，否则将出错。

【案例 8.7】访问一维数组元素。

```
main()
{  int a[10], i, *p=a;
   printf("Enter ten numbers:\n");
   for(i=0; i<10; i++)          scanf("%d", a+i);       /* 程序输入用 a+i 表示 &a[i]*/
   for(i=0; i<10; i++)          printf("%4d", *(a+i));          /* 地址法输出 */
   printf("\n");
   for(i=0; i<10; i++)          printf("%4d", *(p+i));  /* 指针变量法输出 */
   printf("\n");
   for(;p<a+10; p++)            printf("%4d", *p); /* 指针变量法输出，移动指针 */
   printf("\n");
   p=a;    /* 由于 p 已经移动，必须将它移回数组开始处 */
   for(i=0; i<10; i++)          printf("%4d", p[i]); /* 指针变量下标运算法输出 */
   printf("\n");
}
```

输入 1　2　3　4　5　6　7　8　9　10↙，则输出 4 行相同的信息。

程序运行的结果为：

```
  1  2  3  4  5  6  7  8  9 10
  1  2  3  4  5  6  7  8  9 10
  1  2  3  4  5  6  7  8  9 10
  1  2  3  4  5  6  7  8  9 10
```

与之类似的，我们还可以通过数组变量下标法引用数组元素。例如：

```
#include <stdio.h>
int main()
{  int a[10];  int i;
   printf("enter 10 integer numbers:\n");
   for(i=0;i<10;i++)         scanf("%d",&a[i]);
   for(i=0;i<10;i++)  printf("%d",a[i]);  /* 数组变量下标运算法输出 */
   printf("%\n");
   return 0;
}
```

8.2.2 数组名或指针变量作函数参数

在第 7 章已经学习了数组作为函数参数的方法。其中数组元素作为函数参数属于传值调用，现在讨论数组作为函数参数的传址调用问题。由于数组名表示数组的首地址，可以将该地址赋给指针变量。因此，在函数调用时既可以用数组名也可以用指针变量作参数。注意：当用指针变量作实参时，调用前必须先取得数组的首地址。

【案例 8.8】数组名或指针变量作函数参数。

输入 *N* 个（设为 10 个）整数，将其中的全部奇数输出。要求输入、输出均调用函数进行，程序如下：

```
#define N 10
void input(int  a[])
{         int i;
          printf("Enter ten numbers:\n");
          for(i=0; i<N; i++)
                    scanf("%d", a+i);  }
void outputodd(int  *a)
{         int i;
          for(i=0; i<N; i++, a++)
          if(*a % 2)printf("%3d", *a);  }
main()
{
          int arr[N];
          input(arr);
          outputodd(arr);
}
```

运行程序，若输入 1 2 3 4 5 6 7 8 9 10↙，程序运行结果为：

1 3 5 7 9

8.2.3 指针与二维数组

二维数组元素是按行存放的，可以按存放的顺序访问数组元素。但是，为了方便按行和列的方式访问数组元素，必须要了解 C 语言规定的行列地址的表示方法。

1. 二维数组的地址表示法

C 语言规定，二维数组由一维数组扩展形成，即一维数组的每一个元素作为数组名形成一行数组，各行数组的元素个数相同，是二维数组的列数。例如：

```
#include <stdio.h>
main()
{  int a[3][4]={{1,2,3,4},{5,6,7,8},{9,10,11,12}};
   printf("%x,%x,%x",a,a+1,a+2);
}
```

程序定义了二维数组 int a[3][4]，它是由一维数组 int a[3] 扩展形成，即以 a[0]、a[1]、a[2] 为数组名（首地址）形成 3 行一维数组，元素个数均为列数 4。因此 a[0]、a[1]、a[2]

为一级指针常量，指向各行的首列(列指针)。例如，0 行的 a[0] ≡ &a[0][0] 指向 0 行 0 列。0 行有 4 个元素，它们分别是 a[0][0]、a[0][1]、a[0][2]、a[0][3]，如图 8.6 所示。

a[0]	a[0][0]	a[0][1]	a[0][2]	a[0][3]
a[1]	a[1][0]	a[1][1]	a[1][2]	a[1][3]
a[2]	a[2][0]	a[2][1]	a[2][2]	a[2][3]

图 8.6　二维数组的元素结构

另外，a[0]、a[1]、a[2] 又是数组名为 a 的一维数组的 3 个元素，首地址 a ≡ &a[0] 指向的“元素”为一级指针常量，因此 a 为二级指针常量，指向 0 行(行指针)。行列指针与元素的对应关系如表 8.1 所示。

表8.1　二维数组的地址表示关系表

行指针(二级)	列指针(一级)	元素
a ≡ &a[0]	*a ≡ a[0] ≡ &a[0][0]	a[0][0] ≡ *a[0] ≡ **a
	*a+1 ≡ a[0]+1 ≡ &a[0][1]	a[0][1] ≡ *(a[0]+1) ≡ *(*a+1)
……	……	……
a+i ≡ &a[i]	*(a+i) ≡ a[i] ≡ &a[i][0]	a[i][0] ≡ *a[i] ≡ **(a+i)
	*(a+i)+1 ≡ a[i]+1 ≡ &a[i][1]	a[i][1] ≡ *(a[i]+1) ≡ *(*(a+i)+1)

对于 *m* 行 *n* 列的二维数组，元素 a[i][j] 可以表示为：a[i][j] ≡ *(a[i]+j) ≡ *(*(a+i)+j) ≡ (*(a+i))[j]。

其中 a[i][j] 为下标表示法，其余均为地址表示法，其中考虑到 a[i] ≡ *(a+i)。注意 (*(a+i))[j] 外面的“()”不能省略，否则 (a+i) 要先结合 [j]，形式就错了。另外，也可以用 a[0][0] 的地址 a[0] 加顺序号 n*i+j 表示该元素：a[i][j] ≡ *(a[0]+n*i+j) ≡ *(*a+n*i+j)，即将二维数组当成顺序存储的一维数组。

一定要注意行列指针级别的不同。由于各行的行指针与该行首列的地址数值相等，例如，a ≡ &a[0] 与 *a ≡ a[0] ≡ &a[0][0] 值相等，有人就会以为它们是相同的。其实它们的级别不同，当它们加上同样的整数时，行指针移动若干行，列指针移动若干列。例如，执行 a+1 与 *a+1(分别是 1 行的首地址和 0 行 1 列的首地址)，对上面的整型数组，设 a 为 1000，则 a+1 的地址值为 1008，而 *a+1 的地址值为 1002，数值就不同了。

【案例 8.9】指针与二维数组。

```
#include <stdio.h>
main()
```

```
{  int a[3][4]={{1,2,3,4},{5,6,7,8},{9,10,11,12}};
   printf("%x,%x,%x\n",a,a+1,a+2);                    // a 是行指针
   printf("%x,%x,%x\n",*a,*(a+1),*(a+2));          // *a 是列指针
   printf("%x,%x,%x\n",*a+1,*(a+1)+1,*(a+2)+1);
   printf("%x,%x,%x\n",*a+2,*(a+1)+2,*(a+2)+2);          //*(a+i)+j=a[i]+j
   printf("%d,%d,%d\n",*(*a+2),*(*(a+1)+2),*(*(a+2)+2));
//*(*(a+i)+j)=*(a[i]+j)=a[i][j]
   printf("%d,%d,%d\n",a[0][2],a[1][2],a[2][2]);
}
```

程序运行结果为：

19ff04,19ff14,19ff24

19ff04,19ff14,19ff24

19ff08,19ff18,19ff28

19ff0c,19ff1c,19ff2c

3,7,11

3,7,11

2. 用于二维数组的指针变量

（1）指向数组元素的指针变量（一级指针变量）：将二维数组当成一维数组访问。

【案例 8.10】用一级指针变量输出二维数组的全部元素。

依题意应该按存储顺序输出，由于 a[i][j] ≡ *(a[0]+n*i+j)，只要将首元素地址 a[0] 换成指针变量就可以表示任意元素 a[i][j]，程序编写如下：

```
#include <stdio.h>
main()
{  int  a[3][4]={1,2,3,4,5,6,7,8,9,10,11,12},i,j,*p;
   p=a[0];                  /* 指针变量必须得到首元素地址 a[0] 或 *a 或 &a[0][0] */
   for(i=0; i<3; i++)
         for(j=0; j<4; j++) printf("%3d", *(p+4*i+j));
   printf("\n");
}
```

程序运行结果为：

1 2 3 4 5 6 7 8 9 10 11 12

（2）指向一维数组的指针变量（行指针变量）。

二维数组名（设为 a）以及 a+1、a+2 等均为行指针（二级指针）常量，分别指向由一行元素组成的行一维数组，但它们不能移动（如不能由 a++ 使 a 得到地址 a+1）。但是如果有定义：int a[3][4], (*prt)[4]; prt=a;，考虑其中的 (*prt)[4]，因为 () 和 [ ] 的优先级相

同，*prt 表示 prt 为指针变量，指向一个含有 4 个元素的整型一维数组，而不是指向一个元素，因此它是二级指针变量（行指针变量），可以移动。指向一维数组的指针变量的一般定义形式为：

类型 (* 指针变量名)[一维数组元素个数];

定义中的圆括号不能少，否则将变成后面要介绍的指针数组。指向一维数组的指针变量 prt 取得二维数组名 a 的首地址后也有如下关系：

prt[i][j] ≡ *(prt[i]+j) ≡ *(*(prt+i)+j) ≡ (*(prt+i))[j]==a[i][j]

看起来只是将二维数组名 a 换成指针变量名 prt，不过 prt 已是可以移动的行指针变量了。而且指向一维数组的指针变量可以作为形参，接收二维数组名等作为实参传来的二级指针，解决二维数组问题。

【案例 8.11】输出二维数组任意行任意列的元素值。

定义指向一维数组的指针变量，按照上面的说明表示二维数组任意行任意列的元素，程序如下：

```
#include <stdio.h>
main()
{   int a[3][4]={1,2,3,4,5,6,7,8,9,10,11,12};
    int (*p)[4]=a, row, col;
    printf(" 输入行号和列号 :\n");
    scanf("%d,%d", &row, &col);
    printf("a[%d][%d]=%d\n", row, col ,*(*(p+row)+col));
}
```

运行程序输入任意的行列号 :1, 2↙，程序运行结果为：

a[1][2]=7

【案例 8.12】二维数组元素的不同表示方法。

```
#include <stdio.h>
main()
{
    int a[3][4]={{1,2,3,4},{5,6,7,8},{9,10,11,12}};
    int (*p)[4],i=2,j=1;        p=a;
    printf("%d,%d,%d\n",a[i][j],*(a[i]+j),*(*(p+i)+j));        // 数组元素的不同表示方法
}
```

程序运行结果为：

10,10,10

【案例 8.13】使用指针变量输出二维数组元素。

```
#include<stdio.h>
main()
{  int a[2][3]={{1,2,3},{4,5,6}},*p;
   for(p=a[0];p<a[0]+6;p++)
   {        if((p-a[0])%3==0)printf("\n");
            printf("%2d",*p);        }
}
```

程序运行结果为：

1 2 3

4 5 6

8.2.4 指针与字符串

在 C 语言中，字符串在内存中的存放方式与字符数组存储方式是一致的。计算机给字符串自动分配一个首地址，并在字符串尾部添加字符串结束标志 '\0'。可以使用指向字符数组的指针来灵活方便地进行字符串的处理。

C 语言中存放字符串的量有字符串常量和字符数组。与一维数组的情况相同，字符类型的指针变量如果取得字符数组或字符串的首地址，也可以用来访问一维数组。由于字符串或字符数组中的字符都是连续存放的，且都以 '\0' 字符为结束标志，因此，用取得字符串或字符数组首地址的字符型指针变量访问字符串是很方便的。

C 语言访问字符串的方式有以下几种。

（1）直接引用常量字符串，属于直接访问方式。

（2）字符数组方式，属于直接访问方式。

（3）字符型指针变量方式引用常量字符串或字符数组，属于间接访问方式。

【案例 8.14】字符型指针变量的作用。

```
#include <stdio.h>
main()
{  char  *s="Hello World"; // 定义字符型指针变量 s 且取得字符串首地址
   char str[]="Computer", *p=str; // 定义字符型指针变量 p 且指向字符数组首地址
puts(s);              //s 为字符数组名，输出 s 字符数组字符串
puts(p);    //p 为字符型指针变量，输出 p 指向字符数组 str 的字符串
}
```

程序运行结果为：

Hello World

Computer

【案例 8.15】字符型指针变量的应用。

在输入的字符串中查找是否有字符 'k'，若有，则指出第一次遇到的 'k' 是第几个字符。因为要逐个检查字符，用字符数组比较方便，编写程序如下：

```
#include <stdio.h>
main()
{   char  str[80], *ps=str;    int i;
    printf("Input a string:\n");
    gets(ps);                                  /* 用字符型指针变量输入字符串 */
    for(i=0; str[i]!= '\0';i++)
            if(str[i]== 'k')break;             /* 查找第一个 'k' 的位置 */
            if(str[i]!= '\0')  printf("\'k\' is %dth character.\n",i+1);
            else      printf("There is no \'k\' in the string.\n");
}
```

运行程序，若输入字符串：IASYGkASd↙，程序执行结果为：

'k' is 6th character.

【案例 8.16】字符型指针变量的应用。

```
#include<stdio.h>
main()
{   char str1[10],str2[10],*p,*q;
    p=str1; q=str2; gets(str1);
    while(*p)          // 使用字符型指针复制字符串
    {        *q=*p;  p++;  q++; // 一定要注意，这里不能使用 str1++; str2++;      }
    *q='\0';
    printf(" 原始输入字符串 str1 ：%s\n",str1);
    printf(" 复制的字符串 str2 ：%s\n",str1);
}
```

运行程序，若输入的字符串为：Hello↙，则程序运行结果为：

原始输入字符串 str1 ：Hello

复制的字符串 str2 ：Hello

本案例中利用 while 循环实现字符串复制的功能。指针变量 p 和 q 分别指向字符数组 str1 和 str2，利用 gets 函数输入字符串，存入 str1 字符数组。通过 *q=*p; 语句将指针变量指向变量进行复制，然后修改指针，再进入循环判断，直到 p 指针指向数组元素为 '\0'，结束循环。一定要注意的是，在循环中，语句 p++;q++; 不能使用 str1++; str2++; 代替，因为 str1 和 str2 表示字符数组的首地址，是一个地址常量。

【案例 8.17】字符型指针变量的应用：删除已有字符串中指定字符。

程序中删除字符串中的字符用 for 循环实现。指针变量 p 遍历字符串中的所有字符，表达式 *q 代表删除字符 ch 以后的字符串中的字符。在表达式 *q++ 中，q 先结合 ++ 运算符，取地址值结合 * 后 q 自增，注意，对 *q 赋值是有条件的，这就实现删除全部 ch 字符。删除了 ch 字符后，最后要添加结束标志。由于 p、q 都已移动，要用首地址 str 输出。程序如下：

```
#include <stdio.h>
main()
{  char  str[80], *p, *q, ch;
   printf("Input a string:\n");        gets(str);
   printf("Input a character you want delete:\n");
   ch=getchar();
   p=q=str;
   for(;*p!= '\0';p++)       if(*p!=ch) *q++=*p; /* 实现在字符串中删除字符的算法 */
   *q='\0';          /* 添加字符串结束标志 */
   puts(str);
}
```

运行程序，若输入字符串：This is a pensil. ↙，同时输入需要删除的字符：s ↙，则程序运行结果为：

Thi i a penil.

用字符数组和字符型指针变量都可以访问字符串，它们的区别主要有以下几点。

（1）占据的存储空间不同：字符数组存储全部字符和 '\0'；字符型指针变量存储字符串的首地址，占用 2 个字节。

（2）字符数组名与字符型指针变量的性质不同：字符数组名为指针常量，不能移动，它代表的存储空间也不能移走；而字符型指针变量是变量，可以移动。若指向其他字符串，它代表的存储区域将改变。

（3）改变字符串的方法不同：字符数组要逐个元素重新赋值或使用 strcpy 等函数；字符型指针变量只要取得新字符串首地址即可（用“字符型指针变量 = 字符串”或“字符型指针变量 = 字符数组名”方式）。注意，不能以“字符数组名 = 字符串”的形式给字符数组赋值。

因此，在使用时要注意：当需要存储一个字符串时一般用字符数组；对已有的字符数组或字符串进行处理时可以用字符型指针变量。

8.2.5　指针数组与数组指针

1. 数组指针（也称行指针）

数组名本身就是一个指针，指向数组的首地址。注意这是声明定长数组时，其数组名指向的数组首地址是常量。而声明数组并使某个指针指向某个数组的地址（不一定是首地址），指针取值可以改变。定义方法如下：

int(*p)[*n*];

由于 () 优先级高于 [ ] 的优先级，首先说明 p 是一个指针，指向一个整型的一维数组，这个一维数组的长度是 *n*，也可以说是 p 的步长。也就是说，执行 p+1 时，p 要跨过 *n* 个整型数据的长度。

如要将二维数组赋给一指针，应这样赋值：

```
inta[3][4];
int(*p)[4]; // 该语句是定义一个数组指针，指向含 4 个元素的一维数组。
p=a;              // 将该二维数组的首地址赋给 p，也就是 a[0] 或 &a[0][0]
p++;              // 该语句执行过后，p 跨过行 a[0][] 指向了行 a[1][]
```

所以，数组指针也称指向一维数组的指针，亦称行指针。

2. 指针数组的概念和定义

数组中每个元素都具有相同的数据类型，数组元素的类型就是数组的基类型。如果一个数组中的每个元素均为指针类型，即由指针变量构成的数组，这种数组称为指针数组，它是指针的集合。

指针数组说明的形式为：

类型 *数组名 [常量表达式]

例如：

```
int  *pa[5];
```

表示定义一个由 5 个指针变量构成的指针数组，其中每个数组元素都是指向整型单元的指针变量。与普通数组一样，指针数组的数组名也代表连续存储单元的首地址。例如，有以下程序：

```
#include <stdio.h>
main()
{  static  int  a[4]={2, 4, 6, 8}, i;
   int  *p[4]={&a[0], &a[1], &a[2], &a[3]};
 // 定义指针数组 p，p[0]，p[1]，p[2]，p[3] 均为指向整型变量的指针
// 指针 p[0] 指向元素 a[0]，……指针 p[i] 指向元素 a[i]，
   for(i=0; i<4; i++)        printf("%3d", **(p+i));    //**(p+i) 等价于 a[i]
```

```
    printf("\n");
}
```

程序运行结果为：

2 4 6 8

本程序数组名 p ≡ &p[0] 为指针数组名首地址，*(p+i) ≡ p[i] ≡ &a[i] 是指针数组的元素，即存放 a 数组元素的地址。**(p+i) ≡ *(p[i])==a[i] 为数组 a 的元素。

3. 用指针数组处理多字符串问题

指针数组主要用在多字符串的处理上。在第 6 章中我们看到，而用二维字符数组处理多字符串问题要求各行的列数相等，比较浪费存储空间，而用指针数组就没有这个问题。

（1）字符型指针数组可以通过初始化取得一批常量字符串的首地址，例如：

```
char  *ps[4] ={"China","Japan","Korea","Australia"};
```

（2）用指针数组元素访问字符串时，可以利用循环，大大提高了程序的效率。例如：

```
for(k=0; k<4;k++) puts(ps[k]);
```

（3）通过调整指针数组元素的指向，也可以对字符串进行排序。例如，程序编写如下：

```
#include <string.h>
main()
{   int i, j;
    char *ps[4]={"China","Japan","Korea","Australia"},*p;
    printf("original order strings:\n");
    for(i=0; i<4; i++)        puts(ps[i]);
    for(i=0; i<3; i++)            /* 对字符串进行排序 */
            for(j=i+1; j<4; j++)
            if(strcmp(ps[i],ps[j])>0){        p=ps[i]; ps[i]=ps[j]; ps[j]=p;            }
    printf("reordered strings:\n");
    for(i=0; i<4; i++)        puts(ps[i]);
}
```

程序运行结果为：

original order strings:

China

Japan

Korea

Australia

reordered strings:

Australia

China
Japan
Korea

【注意】

用指针数组对字符串排序只是改变了指针数组各元素的指向，并没有改变原来各字符串的存储顺序。另外，利用字符型指针数组不仅可以对字符串进行操作，也可以对任意字符串中的任意字符进行访问。例如，ps[0] 指向 "China" 中的 'C'（首地址），ps[0]+1 指向字符 'h'，等等。

4. 通过指针数组访问二维数组

1）二维数组的地址与一维数组的地址的相同点

（1）它们的每一个元素都有一个存储地址（称为元素地址）。

（2）它们都是将全部元素在内存中按顺序占用一段连续的存储空间。对于二维数组，下标为 0 的行的各个元素按顺序存储完之后，下标为 1 的行的元素紧接其后按顺序存储……直到最后一行的最后一个元素存储完毕。

2）二维数组的地址与一维数组的地址的不同点

它除了有元素地址外，还有标识各行起始位置的行首地址（称为行的首地址）。行的首地址和行的首元素的地址具有相同的地址值，但是它们是两种不同的地址。例如，

若有定义 int a[5][5];，则 a[0][0] 是 a 数组首行首列元素（代表该元素的值）；而 &a[0][0] 是首行首元素的地址；&&a[0][0] 则是首行的首地址。从这个意义上讲，可以说行的首地址是一种二重地址。

3）行的首地址、行的首元素地址和行的首列元素的值的关系

设有语句 int *p[3], a[3][4], i, j;，可以把某行的首地址、某行首列元素的地址、某行首列元素（代表它的值）看成是由高到低的 3 个层次。某行首列元素做一次 & 运算得到该行首列元素的地址，某行首列元素的地址再做一次 & 运算得到该行的首地址。

从这个意义上讲，可以说元素的地址是一重地址，而行的首地址是二重地址。某行的首地址做一次 * 或 [ ] 运算得到该行的首元素的地址，某行的首元素地址做一次 * 或 [ ] 运算得到该行的首元素的值。

5. 运算符 *、&、[ ] 之间的关系

1）[ ] 运算符

[ ] 是下标运算符，只适用于数组和指向数组的指针变量。其优先级与 () 同级，高于 * 和 &。结合方向是左结合性（自左至右）。

2）三者的关系

- * 与 & 互为逆运算。
- * 与 [ ] 等效。
- [ ] 与 & 互为逆运算。

3）作用

前面已经提到：可以把某行的首地址、某行首列元素的地址、某行首列元素的值（代表它的值）看成是由高到低的 3 个层次。* 和 [ ] 都是将运算对象从高层向低层转化。而 & 是将运算对象从低层向高层转化。三者具体的作用如下。

• 行的首地址做一次 * 或 [ ] 运算得到该行的首元素的地址。
• 元素的地址做一次 * 或 [ ] 运算得到该元素的值。
• 而元素（代表它的值）做一次 & 运算得到该元素的地址。
• 某行的首元素的地址做一次 & 运算得到该行的首地址。

6. 行的首地址、元素的地址及元素的值的常见形式

1）行的首地址的表示形式

若有一个 *m* 行 *n* 列的二维数组 a[m][n]。数组名 a 是它的首行的首地址，也即它 0 行的首地址。可以推导出：二维数组 a 的首行的首地址有 a、a+0、&a[0]、&a[0]+0 以及 &&a[0][0] 等 5 种形式。

由于 a+0 是 0 行的首地址，a+1 就是 1 行的首地址，a+i 就是 *i* 行的首地址。

由于 * 与 & 互为逆运算，a+i 与 &*(a+i) 等价，由于 * 与 [] 等效，因此 *(a+i) 与 a[i] 等价，&*(a+i) 就与 &a[i] 等价。&a[i] 与 &a[i]+0 是等价的。

由于 * 与 & 互为逆运算，因此 &a[i]+0 与 &*(&a[i]+0) 等价。

由于 * 与 [ ] 等效，因此 *(&a[i]+0) 与 &a[i][0] 等价，&*(&a[i]+0) 就与 &&a[i][0] 等价。

这样 *i* 行的首地址有 a+i、&a[i]、&a[i]+0 和 &&a[i][0] 等 4 种形式。

2）元素的地址

行的首地址做一次 * 或 [] 运算得到该行首列元素的地址。对首行的首地址的 5 种形式 a、a+0、&a[0]、&a[0]+0 以及 &&a[0][0] 做一次 * 运算：*a、*(a+0)、*&a[0]、*&a[0]+0、*&&a[0][0]，可得到首行首列元素的地址。其中，*&a[0] 即 a[0]，*&a[0]+0 即 a[0]+0，*&&a[0][0] 即 &a[0][0]。

这样二维数组 a 的首行首列元素的地址就有 *a、*(a+0)、*(a+0)+0、a[0]、a[0]+0、&a[0][0] 等 6 种形式。

相应地把代表行号的 0 换成 *i*，可得到二维数组 a 的 *i* 行首列元素的地址，即 *(a+i)、*(a+i)+0、a[i]、a[i]+0、&a[i][0] 等 5 种形式。

而把代表列号的 0 换成 *j*，可得到 *i* 行 *j* 列的元素的地址，即 *(a+i)+j、a[i]+j、&a[i][j] 等 3 种形式。

3）元素的值

元素的地址做一次 * 运算得到元素的值。对上述 *i* 行 *j* 列元素的地址的 3 种形式 &a[i][j]、*(a+i)+j、a[i]+j 做一次 * 运算：*&a[i][j]、*(*(a+i)+j)、*(a[i]+j)，可得到 *i* 行 *j* 列元素的值。其中，*&a[i][j] 就是 a[i][j]。

这样二维数组 a 的 *i* 行 *j* 列元素的值有 a[i][j]、*(*(a+i)+j)、*(a[i]+j) 等 3 种形式。

7. 二维数组的指针访问方法

二维数组的指针访问方法有两种。

一种方法是用一个指向元素的指针 *jp 实现访问。先让它指向二维数组的首行的首列元素，在循环中连续用 jp++，该指针将先逐一访问 0 行上的各个元素，再访问 1 行上的各个元素，直到最后一行最后一个元素访问完毕。

另一种方法是用两种不同的指针变量实现访问。一种指针变量是指向行的指针，称为行指针。使它获得行的首地址，它只能指向各行的行首，而不能指向某个元素。这种指针做一次 ++ 运算，是从上一行的行首移动到下一行的行首。

另一种指针变量是指向元素的指针，称为元素指针。使它获得元素的地址，它是指向元素的。这种指针做一次 ++ 运算，是从前一个元素移动到下一个元素。

访问二维数组时，在外层循环中用行指针，先使它指向首行的行首，用 ++ 运算可以逐个访问各行的行首；内层循环中用元素指针，使它指向行指针所指的行的首列元素，用 ++ 运算可以逐个访问该行的各个元素。

【注意】

- 行指针变量只能存放行的首地址，不能存放元素的地址。
- 元素指针变量只能存放元素的地址，不能存放行的首地址。

8. 指向元素的指针变量

1）指向元素的指针变量的定义

与指向一维数组的指针变量的定义形式完全相同，即：

类型说明　* 指针变量名；

例如，int *jp; 就定义了一个可以指向整型数组的元素的指针变量。

2）指向元素的指针变量的赋值

指向元素的指针变量只能将元素的地址赋给它，不能将行的首地址赋给它。

3）指向元素的指针变量的引用

指向元素的指针变量无论是用来访问一维数组还是用来访问二维数组，它每做一次 +1 运算都是从前一个元素移动到后一个元素。

4）用指向元素的指针变量访问二维数组

若将二维数组的首行首列元素的地址赋给指向元素的指针变量 *jp，连续做 jp++ 运算，指针将从首行首列移到首行 1 列直至首行最后一列，接着移到 1 行首列……直到 1 行最后一列，接着移到 2 行首列……，最后移动到最后一行最后一列。访问完二维数组的每一个元素。

【案例 8.18】用指向元素的指针变量生成一个由自然数 1~25 组成的 5×5 方阵，并输出。

程序如下：

```
#include <stdio.h>
void main()
```

```
{  int a[5][5],*jp=*a, i, j;
   printf("\n");
   for(i=1;jp<*a+25;jp++ )
   {       *jp=i++;
           printf("%5d",*jp);
           if((i-1)%5==0) printf("\n");     }
}
```

程序运行结果为：

1　2　3　4　5

6　7　8　9　10

11　12　13　14　15

16　17　18　19　20

21　22　23　24　25

【案例 8.19】用指针数组的元素指向二维数组的各行访问二维数组。

将 3 个人每人 4 门课的考试成绩读入一个二维数组，并统计出各个分数段的成绩的门数（60 分以下为一段，其余每 10 分为一段）。程序如下：

```
#include <stdio.h>
void main()
{  static float g[3][4],*ip[3]={*(g+0),*(g+1),*(g+2)};
   static int m[6],*ms=m,n,i,j;
   printf("\n");
   for(i=0;i<=2;i++)
   {       for(     ; ip[i]<=*(g+i)+3; ip[i]++)
           {       scanf("%f ",ip[i]);
                   n=*ip[i]<60?0:*ip[i]/10-5;
                   ms[n]++;                }
           printf("\n");     }
   printf("0<60  60~<70  70~<80  80~<90  90~<100  100\n");
   for(;ms<=m+5;ms++)   printf(" %-7d",*ms);
   printf("\n");
}
```

运行程序，若输入的 12 个成绩为：66 87 84 78 80 88 86 92 77 78 75 86↙，则程序运行结果为：

0<60　60~<70　70~<80　80~<90　90~<100　100

0　　1　　4　　6　　1　　0

8.3　指针与函数

8.3.1　指针作为函数参数

在第 7 章学习了函数间的参数传递。参数传递有两种：值传递和地址传递。在值传递的一般情况下，实参是数值表达式，形参是普通变量，对形参变量的操作不会改变实参变量的值（传值调用的单向性）。对于传址调用，我们学过数组作为函数参数，即数组名作为实参，数组定义作为形参。本节介绍指针作为函数参数的传址调用，其实现方法如下。

- **被调函数中的形参：指针变量。**
- **主调函数中的实参：地址表达式，**一般为变量的地址或取得变量地址的指针变量。

【案例 8.20】要求用函数调用交换变量的值。

1）方案 1

按题意定义两个函数，主函数解决变量 a、b 的输入，当 a<b 时调用 swap 函数交换形参 x、y 的值，最后由主函数输出 a、b 的值，程序如下：

```
void swap(int  x,int y)                    // 函数定义，形参为普通变量
{   int  temp;
    temp=x;          x=y;             y=temp;                      }
void main()
{   int a,b;
    scanf("%d,%d",&a,&b);
    if(a<b)            swap(a,b);                  // 函数调用，实参为普通变量
    printf("%d,%d\n",a,b);  }
```

程序执行时，实参向形参单向值传递，因此，调用函数交换形参 x、y 的值并不会影响到实参 a、b，所以在主函数中执行时输入 5,9，输出为 5,9，两数未能按要求交换，不满足要求。

2）方案 2

```
void swap(int x,int y)                     // 函数定义，形参为普通变量
{   int t;    t=x; x=y;  y=t;    }
void main()
{   int a,b;  int *pointer_1,*pointer_2;
    scanf("%d,%d",&a,&b);
    pointer_1=&a;  pointer_2=&b;
    if(a<b)  swap(*pointer_1,*pointer_2);    // 函数调用，实参为指针变量指向变量
```

```
    printf("%d,%d\n",a,b);
}
```

在本方案中，程序执行时，实参 *pointer_1、*pointer_2 向形参单向值传递，因此，调用函数交换形参 x、y 的值仍旧不会影响到实参 a、b，所以运行程序，若输入的两个数为 5,9↙，程序执行输出结果为 **5,9**，也不满足要求。

3）方案 3

按题意定义两个函数，主函数解决变量 i1、i2 的输入，当 i1<i2 时调用 swap 函数交换 i1、i2 的值，最后由主函数输出 i1、i2 的值，程序如下：

```
void swap(int *p1, int *p2)  /* 利用指针变量的指向操作交换 i1、i2 的值 */
{  int t;              t=*p1; *p1=*p2; *p2=t;  }
main()
{  int i1, i2;
   printf("Enter two numbers:\n");           scanf("%d%d", &i1, &i2);
   if(i1<i2)    swap(&i1, &i2);    // 实参（&i1、&i2）单向传送地址给形参（p1、p2）
   printf("i1=%d,i2=%d\n",i1, i2);
}
```

运行程序，若输入的两个数为 5 9↙，程序执行输出结果为 **i1=9,i2=5**，满足要求。

本方案中程序与方案 2 不同的只是把对指针变量的赋值 p1=&i1，p2=&i2 改在函数调用参数传递时进行。可以看到，实参（&i1、&i2）单向传送地址给形参（p1、p2），但由于形参指针变量的指向运算，操作了主调函数中变量的存储单元（i1、i2），引起了主调函数变量值的变化。

4）方案 4

若将程序中 swap 函数进行修改，程序如下：

```
void swap(int *p1, int *p2)
{  int *p;
  p=p1;  p1=p2;  p2=p;  /* 交换两个指针变量的值 */                }
main()
{  int i1, i2;
   printf("Enter two numbers:\n"); scanf("%d%d", &i1, &i2);
   if(i1<i2)   swap(&i1, &i2); // 实参（&i1、&i2）单向传送地址给形参（p1、p2）
   printf("i1=%d,i2=%d\n",i1, i2);
}
```

虽然函数调用时仍旧是地址传递，但在 swap 函数里，只是将两个指针 p1 和 p2 的指向对换了一下，回到主函数中，输出简单变量 i1 和 i2，可知结果是没有变化的，和方案 1 类似，两个数值并没有发生交换，程序不符合要求。

由于形参指针变量的指向操作可以引起主调函数变量值的变化，若有多个指针变量形参，让它们分别指向主调函数中作为存放运算结果的变量，则可以将被调函数中的多个计算结果数据传回主调函数（注意，以前被调函数只能通过函数值传回一个运算结果）。

8.3.2　字符串指针作为函数参数

与一维数组的情况相同，字符数组和字符型指针变量都可以作为形参，实质都是指针变量；字符数组名和取得字符数组首地址的指针变量都可以作为实参，还可以用字符串常量（实质也是其首地址）作为实参。

【案例 8.21】将数组 a 中的 *n* 个整数按相反顺序存放。

```
void inv(int  x[ ], int n)
{   int t,i,j,m=(n-1)/2;
    for(i=0;i<=m;i++)
    {        j=n-1-i;          t=x[i];  x[i]=x[j];                    x[j]=t;  }
}
void main()
{   int i,a[10]={3,7,9,11,0,6,7,5,4,2};
    for(i=0;i<10;i++) printf("%d,",a[i]);
    printf("\n");
    inv(a,10);
    printf(" 交换后的数组为 :\n");
    for(i=0;i<10;i++) printf("%d,",a[i]);
    printf("\n");  }
```

运行程序，运行结果为：

交换后的数组为：2,4,5,7,6,0,11,9,7,3,

本案例程序还可修改如下：

```
void inv(int  *x, int n)
{   int t,*p,*i,*j,m=(n-1)/2;
    i=x;  j=x+n-1;  p=x+m;
    for( ;i<=p;i++,j--)   {  t=*i;  *i=*j;  *j=t;        }
}
void main()
{   int i,a[10]={3,7,9,11,0,6,7,5,4,2};
    for(i=0;i<10;i++) printf("%d,",a[i]);
    printf("\n");
    inv(a,10);  /* 调用函数 */
```

```
    printf(" 交换后的数组为 :\n");
    for(i=0;i<10;i++) printf("%d,",a[i]);
    printf("\n");    }
```

【案例 8.22】编写函数 cpystr，用指针方法将字符串 2 复制到字符串 1。主函数调用 cpystr 实现复制。

```
#include <stdio.h>
void cpystr(char *s1, char *s2)
{  while(*s2!= '\0') *s1++=*s2++;
   *s1='\0';                }
main()
{  char  str1[20], str2[20];
   printf("Input string 2:\n");       gets(str2);
   cpystr(str1, str2);          /* 调用函数 */
   printf("string 1 is:%s\n",str1);            }
```

程序运行结果为：

Input string 2:

Computer Language

string 1 is:Computer Language

【拓展延伸】如果要求将一个确定的字符串（如 "C Language"）复制到字符数组 Str1 中，上面的主函数可直接调用 cpystr 函数，实参就用该字符串。程序如下：

```
main()
{  char  str1[20];
   cpystr(str1, "C  Language");
   puts(str1);       }
```

8.3.3 指向函数的指针

函数作为程序实体，在程序执行以前其代码也要进入内存，占据内存的一段连续存储区域，因此也有内存地址。函数在内存一段连续的存储区域的首字节编号叫函数的入口地址，又被称为函数指针。在 C 语言中，函数指针用函数名表示，它是一个指针常量。C 语言可以通过定义指向函数的指针变量接收函数指针，然后通过指向函数的指针变量访问该函数（间接访问）。

1. 用指向函数的指针变量调用函数

指向函数的指针变量的定义形式为：

函数返回值的类型 (* 指针变量名)();

注意：上面的定义中第一个圆括号不能少，否则就会变成返回指针的函数的定义。

指向函数的指针变量在接收某一函数的入口地址以后，即可用来调用该函数（无其他运算）。

总之，用指向函数的指针变量调用函数的方法如下。

（1）定义指向函数的指针变量。

（2）给指针变量赋函数入口地址（函数名）。

（3）调用函数的形式为：

(* 指针变量)（实参列表）

【案例 8.23】用指向函数的指针变量调用求两个数中最大值的函数。

程序如下：

```
int  maxnum(int  a, int  b)
{   return((a>b)?a:b);          }
main()
{   int  x, y, max;
    int (*funp)();      /* 定义指向函数的指针变量，函数返回整型值 */
    funp=maxnum;     /* 将函数的入口地址赋给指向函数的指针变量 */
    printf("Input two numbers:\n");
    scanf("%d%d",&x, &y);
    max=(*funp)(x, y);    /* 用指向函数的指针变量调用函数 */
    printf("The max number is %d.\n",max);            }
```

运行程序，若输入的两个数为 5,8↙，则程序运行结果为：

The max number is 5.

2. 指向函数的指针变量作为函数参数

有人可能会问：为什么不直接用函数名来调用函数，而要用指向函数的指针变量调用函数呢？确实，如果只是调用少数互不相关的函数，没有必要通过指向函数的指针变量，直接调用反而更简单。指向函数的指针变量更多地应用于多次调用一些同类型的函数的情况。例如，利用 switch 语句结构，让指向函数的指针变量根据输入的开关表达式的值（如 1、2、…、5 之一），得到不同函数（如 f1、f2、…、f5 之一）的入口地址，去调用相应的函数，实现人机对话，这就是菜单功能。读者可按此思路编写菜单程序。此处介绍指向函数的指针变量的另一个重要应用，那就是让指向函数的指针变量作为函数参数。

【案例 8.24】指向函数的指针变量作为函数参数。

利用梯形法计算定积分 $\int_0^{\pi/2} \sin x\,dx$、$\int_0^{\pi/2} \cos x\,dx$ 和 $\int_0^{2}\sqrt{4-x^2}dx$ 。

```
#include "math.h"
float  integral(double(*funp)(), float  a, float  b) /* 定义工作函数 */
{   float  s, h, y;     int  n, i;
```

```
    s=((*funp)(a)+(*funp)(b))/2.0;  /* [f(a)+f(b)]/2 作为求和的初值 */
    n=100;   h=(b-a)/n;
    for(i=1; i<n; i++)  s=s+(*funp)(a+i*h);
    y=s*h;
    return(y);                  }
double  f(double  x)  /* 自定义被积函数 */
{   return(sqrt(4.0-x*x));   }
main()
{   float  s1, s2, s3;
    s1=integral(sin, 0.0, 3.1415926/2);/* sin 为系统库函数 sin(x) 的入口地址 */
    s2=integral(cos, 0.0, 3.1415926/2);
    s3=integral(f, 0.0, 2.0);
    printf("s1=%f, s2=%f, s3=%f\n", s1, s2, s3);
}
```

程序运行结果为：

s1=0.999979, s2=0.999980, s3=3.140418

8.3.4　返回指针的函数

在某些情况下，我们希望通过函数返回一个地址值，这时可以定义一个返回指针的函数。定义返回指针的函数形式为：

```
类型 * 函数名 ( 类型 形参 1, 类型 形参 2,…)
{                        /* 以下为函数体 */
…
}
```

函数名前面的“*”表示该函数是返回指针的函数，“类型”是函数返回地址值的基类型，即返回指针所指向的数据类型。注意，此处定义的返回指针的函数与 8.3.3 节定义的指向函数的指针变量不同：

指向函数的指针变量的定义形式为：

类型 (*p)();

在没有形参的情况下，返回指针的函数定义为：

类型 *p(){ 函数体 }

形式上前者“*p”外有圆括号，后者“*p”外没有圆括号；最重要的是实质不同，前者“p”是指针变量名，后者“p”是函数名，除了函数首部外，还有函数体。

返回指针的函数在被调用的时候必须注意：调用该函数给指针变量赋值，该指针变量的基类型必须与该函数返回地址值的基类型相同。

【案例 8.25】输入一个 1 ～ 7 之间的整数，输出对应的星期名。

程序编写如下：

```
#include <stdio.h>
char *day_name(int n)
{   char *name[]={"Illegalday", "Monday", "Tuesday", "Wednesday","Thursday","Fri
day",
"Saturday","Sunday"};
    return((n<1||n>7)?name[0]:name[n]); /* 将指针数组元素存放的地址值返回 */
}
main()
{   int i;
    printf("Input Day No.:\n");
    scanf("%d",&i);
    if(i<0)exit(1);
    printf("Day No.:%2d->%s\n",i,day_name(i));/*day_name 的返回值决定输出字
符串 */
}
```

运行程序，若输入 3↙，则程序运行结果为：

Day No.: 3->Wednesday

【思考】分析以下程序的执行结果。

程序一：

```
#include <stdio.h>
int *fun1(int *q)
{       *q=*q+5;
        return q;         }
main()
{       int i=5,*p;
        p=fun1(&i);
        printf("%d",*p);
  return 0;
}
```

程序二：

```
#include<stdio.h>
int *fun1()
{       int i=5;
        return &i;   }
int main()
{       int *p;
        p=fun1();
        printf("%d",*p);
        return 0;
}
```

8.4 指针应用实例

【案例 8.26】用指针的方法将数组 a 中的 *n* 个整数按相反的顺序存放。

由于是在同一个数组中逆序存放，可以通过交换元素的办法实现，即将 a[0] 与 a[n−1] 交换，a[1] 与 a[n−2] 交换，……。可以设置两个指针变量并指向数组前后两个位置，不断往中间移动（每次移动前面的指针自增 1，后面的指针自减 1），不要交错即可，编写程序如下：

```
#include <stdio.h>
void exchange(int *b, int n)
{ int *p, *q, temp;
    p=b; q=b+n−1;
    for(; p<q; p++, q−−) { temp=*p; *p=*q; *q=temp; }
}
main()
{ int i, a[10]={1, 2, 3, 4, 5, 6, 7, 8, 9, 10};
    printf("The original array:\n");
    for(i=0; i<10; i++)            printf("%4d", a[i]);
    printf("\n");
    exchange(a, 10); /* 调用函数 */
    printf("The array has been inverted:\n");
    for(i=0; i<10; i++)            printf("%4d", a[i]);
    printf("\n");
}
```

程序运行结果为：

The original array:

1 2 3 4 5 6 7 8 9 10

The array has been inverted:

10 9 8 7 6 5 4 3 2 1

【案例 8.27】输入 3×4 整数矩阵并求矩阵中最大值、最小值和所有元素的平均值。

```
#include <stdio.h>
main()
{ int a[3][4], max, min, i, j;       float ave=0.0;
    int *p=a[0]; /* 定义一级指针变量，按存储顺序访问二维数组 */
```

```
    printf("Input 3*4 array:\n");
    for(i=0; i<3; i++)
                for(j=0; j<4; j++)
scanf("%d", p+i*4+j); /*  p+i*4+j 是元素 a[i][j] 的地址 */
    max=min=*p;
    for(i=0; i<3; i++)
            for(j=0; j<4; j++)
    {       if(*(p+i*4+j)>max)              max=*(p+i*4+j);

if(*(p+i*4+j)<min)                  min=*(p+i*4+j);
            ave+=*(p+i*4+j);  /* 将所有元素求和后存入 ave */              }
    printf("max=%d\nmin=%d\nave=%f\n", max, min, ave/12.0);
}
```

程序运行结果为：

Input 3*4 array:

3 6 9 11

2 4 5 7

1 3 4 6

max=11

min=1

ave=5.083333

本程序采用的方法：用取得首元素地址的一级指针变量，按存储顺序访问二维数组的全部元素。

【思考】请读者再用另外两种方法来编写程序。

（1）用指向一维数组的指针变量（行指针变量）访问二维数组的全部元素。

（2）用指针数组访问二维数组的全部元素。

【案例 8.28】用指针方法统计字符串 "this is a bad we are students" 中单词的个数。规定单词由小写字母组成，单词之间用空格分隔，字符串开始和结尾没有空格。

程序编写如下：

```
#include <stdio.h>
main()
{  char s[]="this is a bad we are students";
   char *p=s;       int n=0;
   while(*p!= '\0')
   {       if(*p>='a' && *p<='z' && (*(p+1)== ' '||*(p+1)== '\0')) n++;
```

```
            p++;            }
    printf("n=%d\n",n);
}
```

程序运行结果为：

n=1

参考文献

[1] 谭浩强 .C 语言程序设计 [M].5 版 . 北京：清华大学出版社，2017.

[2] 谭浩强 .C 语言程序设计学习辅导 [M].5 版 . 北京：清华大学出版社，2017.

[3] 黑马程序员 .C 语言程序设计案例式教程 [M]. 北京：人民邮电出版社，2017.

[4] 揭安全，王明文 . 高级语言程序设计 :C 语言版 [M]. 北京：人民邮电出版社，2015.

[5] 杨崇艳 .C 语言程序设计 [M]. 北京：人民邮电出版社，2019.

[6] 孟东霞，相洁 .C 语言程序设计习题与实验指导 [M]. 北京：人民邮电出版社，2019.

[7] 明日科技 .C 语言程序设计 [M].2 版 . 北京：人民邮电出版社，2021.

[8] 刘琨 .C 语言程序设计 [M]. 北京：人民邮电出版社，2020.

[9] 常中华 .C 语言程序设计实例教程 [M].2 版 . 北京：人民邮电出版社，2020.

[10] 李丽娟 .C 语言程序设计教程 [M].5 版 . 北京：人民邮电出版社，2019.

[11] 李丽娟 .C 语言程序设计教程实验指导与习题解答 [M].5 版 . 北京：人民邮电出版社，2019.

[12] 宋铁桥 .C 语言程序设计任务驱动式教程 [M].2 版 . 北京：人民邮电出版社，2018.

[13] 胡春安 .C 语言程序设计教程 [M]. 人民邮电出版社，2017.

[14] 董妍汝，闫俊伢 .C 语言趣味实验 [M]. 北京：人民邮电出版社，2014.

[15] 刘颖 . 程序设计基础（C 语言）[M]. 北京：人民邮电出版社，2022.

[16] 万文 .C 语言程序设计实验指导与习题精选 [M]. 武汉：华中科技大学出版社，2020.

[17] 索明何，王正勇，邵瑛，等 .C 语言程序设计 [M].3 版 . 北京：机械工业出版社，2021.

[18] 李红，陆建友 .C 语言程序设计实例教程 [M].3 版 . 北京：机械工业出版社，2021.

[19] 钱雪忠，吕莹楠，高婷婷 . 新编 C 语言程序设计教程 [M].2 版 . 北京：机械工业出版社，2020.

[20] 教育部考试中心 . 全国计算机等级考试二级教程——C 语言程序设计 [M]. 北京：机械工业出版社，2022.

[21] 赵睿 .C 语言程序设计 [M].2 版 . 北京：高等教育出版社，2021.

[22] 丁亚涛，韩静，吴长勤，等 .C 语言程序设计 [M].4 版 . 北京：高等教育出版社，2020.

[23] 苏小红，赵玲玲，孙志岗，等 .C 语言程序设计 [M].4 版 . 北京：高等教育出版社，2019.